高等职业教育系列教材

无线组网技术

主　编　孙桂芝　何　野

副主编　郑瑞国　江　军

参　编　严志平　吴晓岚　胡逸凡

机械工业出版社

本书主要介绍了无线网络组建、配置与应用所应具备的知识和技能，采用项目任务式教学手段。通过项目背景描述、学习目标设定、任务分解、知识准备、任务实施、任务评价等方式，全面介绍常用设备的配置与调试方法，突出动手、实践，使读者能够快速掌握无线网络的组建配置与调试，提高读者的学习效率。全书案例丰富，内容由浅入深，配合案例逐渐提高难度，逐步增强读者的动手能力。每章给出了实训项目和任务的详细说明，便于读者操作练习。

本书可作为高等职业院校物联网、移动通信、网络及计算机专业的教材，也可供从事无线网络组建的工程技术人员学习和参考。

本书配套授课电子教案，需要的教师可登录 www.cmpedu.com 免费注册、审核通过后下载，或联系编辑索取（QQ：1239258369，电话：010-88379739）。

图书在版编目（CIP）数据

无线组网技术 / 孙桂芝，何野主编. —北京：机械工业出版社，2013.8
（2023.3 重印）
ISBN 978-7-111-43513-6

Ⅰ. ①无… Ⅱ. ①孙… Ⅲ. ①互联网络－应用－安全技术②智能技术－应用－安全技术 Ⅳ. ①TP393.4②TP18

中国版本图书馆 CIP 数据核字（2013）第 177185 号

机械工业出版社（北京市百万庄大街 22 号 邮政编码 100037）
责任编辑：王　颖
责任印制：孙　炜

北京中科印刷有限公司印刷

2023 年 3 月第 1 版·第 11 次印刷
184mm×260mm·12.5 印张·307 千字
标准书号：ISBN 978-7-111-43513-6
定价：45.00 元

电话服务　　　　　　　　　　　网络服务
客服电话：010-88361066　　　　机　工　官　网：www.cmpbook.com
　　　　　010-88379833　　　　机　工　官　博：weibo.com/cmp1952
　　　　　010-68326294　　　　金　书　网：www.golden-book.com
封底无防伪标均为盗版　　　　　机工教育服务网：www.cmpedu.com

高等职业教育系列教材
电子类专业编委会成员名单

主　任　曹建林

副 主 任　（按姓氏笔画排序）

于宝明　王钧铭　任德齐　华永平　刘　松　孙　萍
孙学耕　杨元挺　杨欣斌　吴元凯　吴雪纯　张中洲
张福强　俞　宁　郭　勇　曹　毅　梁永生　董维佳
蒋蒙安　程远东

委　　员　（按姓氏笔画排序）

丁慧洁　王卫兵　王树忠　王新新　牛百齐　吉雪峰
朱小祥　庄海军　关景新　孙　刚　李菊芳　李朝林
李福军　杨打生　杨国华　肖晓琳　何丽梅　余　华
汪赵强　张静之　陈　良　陈子聪　陈东群　陈必群
陈晓文　邵　瑛　季顺宁　郑志勇　赵航涛　赵新宽
胡　钢　胡克满　闫立新　姚建永　聂开俊　贾正松
夏玉果　夏西泉　高　波　高　健　郭　兵　郭雄艺
陶亚雄　黄永定　黄瑞梅　章大钧　商红桃　彭　勇
董春利　程智宾　曾晓宏　詹新生　廉亚因　蔡建军
谭克清　戴红霞　魏　巍　瞿文影

秘 书 长　胡毓坚

出 版 说 明

《国家职业教育改革实施方案》（又称"职教 20 条"）指出：到 2022 年，职业院校教学条件基本达标，一大批普通本科高等学校向应用型转变，建设 50 所高水平高等职业学校和 150 个骨干专业（群）；建成覆盖大部分行业领域、具有国际先进水平的中国职业教育标准体系；从 2019 年开始，在职业院校、应用型本科高校启动"学历证书+若干职业技能等级证书"制度试点（即 1+X 证书制度试点）工作。在此背景下，机械工业出版社组织国内 80 余所职业院校（其中大部分院校入选"双高"计划）的院校领导和骨干教师展开专业和课程建设研讨，以适应新时代职业教育发展要求和教学需求为目标，规划并出版了"高等职业教育系列教材"丛书。

该系列教材以岗位需求为导向，涵盖计算机、电子、自动化和机电等专业，由院校和企业合作开发，多由具有丰富教学经验和实践经验的"双师型"教师编写，并邀请专家审定大纲和审读书稿，致力于打造充分适应新时代职业教育教学模式、满足职业院校教学改革和专业建设需求、体现工学结合特点的精品化教材。

归纳起来，本系列教材具有以下特点：

1）充分体现规划性和系统性。系列教材由机械工业出版社发起，定期组织相关领域专家、院校领导、骨干教师和企业代表召开编委会年会和专业研讨会，在研究专业和课程建设的基础上，规划教材选题，审定教材大纲，组织人员编写，并经专家审核后出版。整个教材开发过程以质量为先，严谨高效，为建立高质量、高水平的专业教材体系奠定了基础。

2）工学结合，围绕学生职业技能设计教材内容和编写形式。基础课程教材在保持扎实理论基础的同时，增加实训、习题、知识拓展以及立体化配套资源；专业课程教材突出理论和实践相统一，注重以企业真实生产项目、典型工作任务、案例等为载体组织教学单元，采用项目导向、任务驱动等编写模式，强调实践性。

3）教材内容科学先进，教材编排展现力强。系列教材紧随技术和经济的发展而更新，及时将新知识、新技术、新工艺和新案例等引入教材；同时注重吸收最新的教学理念，并积极支持新专业的教材建设。教材编排注重图、文、表并茂，生动活泼，形式新颖；名称、名词、术语等均符合国家标准和规范。

4）注重立体化资源建设。系列教材针对部分课程特点，力求通过随书二维码等形式，将教学视频、仿真动画、案例拓展、习题试卷及解答等教学资源融入到教材中，使学生的学习课上课下相结合，为高素质技能型人才的培养提供更多的教学手段。

由于我国高等职业教育改革和发展的速度很快，加之我们的水平和经验有限，因此在教材的编写和出版过程中难免出现疏漏。恳请使用本系列教材的师生及时向我们反馈相关信息，以利于我们今后不断提高教材的出版质量，为广大师生提供更多、更适用的教材。

机械工业出版社

前　　言

进入 21 世纪以来，无线网络应用取得了飞速发展，为了使学生在有限的学时内了解无线网络组建、设备安装与调试，我们将以往单独设置的局域网、虚拟局域网、无线局域网、电信网络终端、传感网络和现场总线等课程合并为一门"无线组网技术"课程，本书为此课程所用教材。

本书集成了网络技术、通信技术和计算机应用技术等诸多综合知识，并采用了项目任务驱动教学方式，在项目任务的实施前加入够用的准备知识。

本书采用项目教学法，全面介绍了无线网络组建、设备安装与调试的知识与技能，既讲述了基本知识和基本原理，又介绍了实用技术、操作过程和注意事项，还讲述了近几年刚刚出现的一些网络新技术和新设备，如第 3 代移动通信设备、无线传感网等。使用更加简洁、更加形象化的语言对系统原理进行介绍，对技术概念进行描述，便于教师使用和读者阅读。全书共分为 5 个项目，项目 1 介绍组建 SOHO 局域网，项目 2 介绍组建 VLAN 虚拟局域网，项目 3 介绍组建 Wi-Fi 无线局域网，项目 4 介绍开通电信网络终端，项目 5 介绍组建现场总线与传感网络。

无线网是一个宽泛的网络，在学习过程中，要注意建立无线网的概念，要把设备和网络结合起来，学习某个设备之前就要清楚这个设备在无线网中的位置与作用，同时要注意将前后章节贯穿起来。

本书教学课时数建议为 72 学时。

本书由北京信息职业技术学院孙桂芝、何野任主编，郑瑞国、江军任副主编，严志平、吴晓岚、胡逸凡参编，在本书的编写过程中，得到了北京信息职业技术学院、北京启天同信科技有限公司的大力支持，在此深表感谢。

无线网络技术日新月异，本书在内容上难免有疏漏之处，恳请业内专家和广大读者批评指正。

编　者

目　录

项目 1　组建 SOHO 局域网

【背景描述】

小张参加了北京信息科技开发有限公司网络部的校园招聘，考官要求小张现场使用现有的设备制作网线，安装计算机网卡并组建 SOHO 局域网，考察小张的实际动手能力，请协助小张完成此项考核。

【学习目标】

学习目标 1：熟悉并掌握计算机网络的基础知识，了解计算机网络的构成及分类。

学习目标 2：认知两种双绞线（直连线和交叉线）的区别、用途及其制作方法。

学习目标 3：使用双绞线组建简单的 SOHO 局域网。

【任务分解】

任务 1.1：计算机网络认知与网线的制作和测量。

任务 1.2：组建 SOHO 局域网。

任务 1.1　计算机网络认知与网线的制作和测量

1.1.1　任务描述

考官要求小张首先使用现有的器材制作直连双绞线及交叉双绞线并测试其连通性，请协助小张完成该项考核。

1.1.2　必要知识准备

1.1.2.1　计算机网络概述

计算机网络就是利用通信线路和通信设备，用一定的连接方法，将分布在不同地理位置，具有独立功能的多台计算机相互连接起来，在网络软件的支持下进行数据通信，实现资源共享。计算机网络如图 1-1 所示。

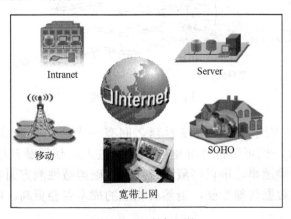

图 1-1　计算机网络

从整体上来说计算机网络就是把分布在不同地理区域的计算机与专门的外部设备用通信线路互联成一个规模大、功能强的系统，从而使众多的计算机可以方便地互相传递信息，共享硬件、软件和数据信息等资源。简单来说，计算机网络就是由通信线路互相连接的许多自主工作的计算机构成的集合体。

1.1.2.2　计算机网络构成

计算机网络主要由服务器、工作站、通信协议及外围设备四部分组成。

服务器是整个网络系统的核心，它为网络用户提供服务并管理整个网络。根据服务器担负的网络功能的不同又可分为文件服务器、通信服务器、备份服务器和打印服务器等类型，一般在局域网中最常用到的是文件服务器。

工作站是指连接到网络上的计算机。它不同于服务器，服务器可以为整个网络提供服务，管理整个网络，而工作站只是一个接入网络的设备，它的接入和离开对网络系统不会产生影响。在不同的网络中，工作站又被称为"节点"或"客户机"。

通信协议是指网络中通信各方事先约定的通信规则，可以简单地理解为各计算机之间进行相互对话所使用的共同语言。两台计算机在进行通信时必须使用相同的通信协议。

外围设备是连接服务器与工作站的一些连线或连接设备。常用的连线有同轴电缆、双绞线和光缆等；连接设备有网卡、集线器和交换机等。

1.1.2.3　双绞线的种类

双绞线按照不同的分类标准有不同的分类方法，下面介绍双绞线几种常用的分类方法。

双绞线按其绞线对数可分为 2 对、4 对和 25 对（如 2 对的用于电话，4 对的用于网络传输，25 对的用于电信通信大对数线缆）。

按照是否带有电磁屏蔽层来划分，可以将双绞线分为屏蔽（Shielded Twisted-Pair，STP）双绞线与非屏蔽（Unshielded Twisted-Pair，UTP）双绞线两类。非屏蔽双绞线是一种数据传输线，由 4 对不同颜色的传输线组成，广泛用于以太网路和电话线中。非屏蔽双绞线电缆最早在 1881 年被用于贝尔发明的电话系统中。1900 年美国的电话线网络也主要由 UTP组成，由电话公司拥有。非屏蔽双绞线如图 1-2 所示。

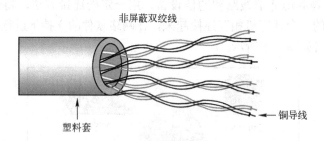

图 1-2　非屏蔽双绞线

屏蔽双绞线在双绞线与外层绝缘封套之间有一个金属屏蔽层。屏蔽层可减少辐射，防止信息被窃听，也可阻止外部电磁干扰的进入，使屏蔽双绞线比同类的非屏蔽双绞线具有更高的传输速率。所以屏蔽双绞线在电磁屏蔽性能方面明显优于非屏蔽双绞线，能够提供更好的数据传输性能，当然其相应的成本也会更高。屏蔽双绞线如图 1-3所示。

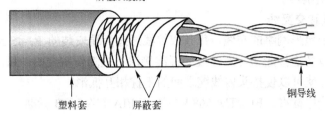

图 1-3 屏蔽双绞线

如果按照电气性能划分，又可以将双绞线分为三类、四类、五类、超五类、六类和七类双绞线等类型。级别较高的双绞线拥有更优越的电气性能，在数据传输性能和所支持的带宽方面也占有更大的优势。随着生产技术的不断成熟和应用需求的不断提示，五类、超五类或者六类非屏蔽双绞线已经成为局域网中的主力传输介质。

1）一类线（CAT1）：线缆最高频率带宽是 750kHz，用于报警系统，或只适用于语音传输（一类标准主要用于 20 世纪 80 年代初之前的电话线缆），不同于数据传输。

2）二类线（CAT2）：线缆最高频率带宽是 1MHz，用于语音传输和最高传输速率4Mbit/s 的数据传输，常见于使用 4Mbit/s 规范令牌传递协议的旧的令牌网。

3）三类线（CAT3）：指目前在ANSI和 EIA/TIA568 标准中指定的电缆，该电缆的传输频率为 16MHz，最高传输速率为 10Mbit/s，主要应用于语音、10Mbit/s 以太网（10BASE-T）和 4Mbit/s 令牌环，最大网段长度为 100m，采用 RJ 形式的连接器，目前已淡出市场。

4）四类线（CAT4）：该类电缆的传输频率为 20MHz，用于语音传输和最高传输速率为16Mbit/s（指的是 16Mbit/s 令牌环）的数据传输，主要用于基于令牌的局域网和 10BASE-T/100BASE-T。最大网段长为 100m，采用 RJ 形式的连接器，未被广泛采用。

5）五类线（CAT5）：该类电缆增加了绕线密度，外套一种高质量的绝缘材料，线缆最高频率带宽为 100MHz，最高传输率为 100Mbit/s，用于语音传输和最高传输速率为100Mbit/s 的数据传输，主要用于 100BASE-T 和 1000BASE-T 网络，最大网段长为 100m，采用 RJ 形式的连接器。这是最常用的以太网电缆。在双绞线电缆内，不同线对具有不同的绞距长度。通常，4 对双绞线绞距周期在 38.1mm 长度内，按逆时针方向扭绞，一对线对的扭绞长度在 12.7mm 以内。

6）超五类线（CAT5e）：超五类线具有衰减小、串扰少，并且具有更高的比值（ACR）和信噪比（Structural Return Loss）、更小的时延误差，性能得到很大提高。超五类线主要用于千兆位以太网（1000Mbit/s）。

7）六类线（CAT6）：该类电缆的传输频率为 1～250MHz，六类布线系统在 200MHz时的衰减串扰比（PS-ACR）应该有较大的余量，它提供两倍于超五类线的带宽。六类布线的传输性能远远高于超五类标准，最适用于传输速率高于1Gbit/s 的应用。六类与超五类的一个重要的不同点在于：改善了在串扰以及回波损耗方面的性能，对于新一代全双工的高速网络应用而言，优良的回波损耗性能是极重要的。六类标准中取消了基本链路模型，布线标准采用星形结构，要求的布线距离为：永久链路的长度不能超过 90m，信道长度不能超过 100m。

通常，计算机网络所使用的是三类线和五类线，其中 10BASE-T 使用的是三类线，

100BASE-T 使用的五类线。

1.1.2.4 直连线和交叉线

双绞线一般用于星形网络的布线，每条双绞线通过两端安装的 RJ-45 连接器（俗称为水晶头）将各种网络设备连接起来。双绞线的标准接法不是随便规定的，目的是保证线缆接头布局的对称性，这样就可以使接头内线缆之间的干扰相互抵消。

双绞线有两种线序标准：EIA/TIA 568A 标准和 EIA/TIA 568B 标准。

568A 标准：

绿白—1，绿—2，橙白—3，蓝—4，蓝白—5，橙—6，棕白—7，棕—8。

568B 标准：

橙白—1，橙—2，绿白—3，蓝—4，蓝白—5，绿—6，棕白—7，棕—8。

各线用途如下：

1——输出数据（+）。

2——输出数据（-）。

3——输入数据（+）。

4——保留为电话使用。

5——保留为电话使用。

6——输入数据（-）。

7——保留为电话使用。

8——保留为电话使用。

由此可见，虽然双绞线有 8 根芯线，但在目前广泛使用的百兆网络中，实际上只用到了其中的 4 根，即 1、2、3、6，它们分别起着收、发信号的作用。于是有了新的 4 芯网线的制作，也可以叫做 1-3、2-6 交叉接法，这种交叉网线的芯线排列规则是：网线一端的第 1 脚连另一端的第 3 脚，网线一端的第 2 脚连另一端的第 6 脚，其他脚一一对应即可，也就是在上面介绍的交叉线缆制作方法中把多余的 4 根线抛开不要。

直连线：两头都按 T568B 线序标准连接。直连线线序如图 1-4 所示。

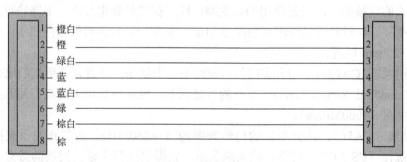

图 1-4　直连线线序

交叉线：一头按 T568A 线序连接，一头按 T568B 线序连接。交叉线线序如图 1-5 所示。

平时制作网线时，如果不按标准连接，虽然有时线路也能接通，但是线路内部各线对之间的干扰不能有效消除，从而导致信号传送出错率升高，最终影响网络整体性能。只有按规范标准建设，才能保证网络的正常运行，也会给后期的维护工作带来便利。

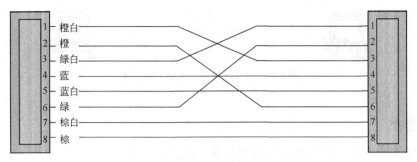

图 1-5　交叉线线序

1.1.2.5　直连线与交叉线的应用

不同类型的双绞线有不同的应用环境，有些网络环境中需要使用直连线，有些网络环境中需要使用交叉线。网络环境是由不同的网络设备组成的，在计算机网络中，把网络设备分为两种类型，即 DCE 型和 DTE 型。

DCE 型设备：交换机、集线器（HUB）。

DTE 型设备：路由器、计算机。

按照上面的分类，同种类型的网络设备之间使用交叉线连接，不同类型的网络设备之间使用直连线连接。

直连线用于以下连接。

1）计算机和交换机/HUB。

2）路由器和交换机/HUB。

图 1-6 所示是用直连线连接计算机和交换机。

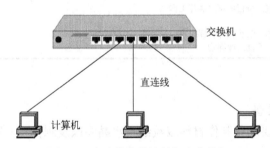

图 1-6　直连线连接计算机和交换机

交叉线用于以下连接。

1）交换机和交换机。

2）计算机和计算机。

3）HUB 和 HUB。

4）HUB 和交换机。

5）计算机和路由器直连。

图 1-7 所示是用交叉线连接计算机和计算机。

不过现在很多的网络设备对网线都有自适应的功能，会自动去测试线序的情况并自适应使用双绞线。

交叉线

图 1-7 交叉线连接计算机和计算机

1.1.3 任务单

计算机网络认知与网线的制作和测量任务单如表 1-1 所示。

表 1-1 计算机网络认知与网线的制作和测量任务单

学习单元	项目 1 组建 SOHO 局域网			课时	
工作任务	任务 1.1 计算机网络认知与网线的制作和测量			课时	
班级		小组编号		成员名单	
任务描述	根据实验要求，完成直连双绞线及交叉双绞线的制作及测试				
工具材料	线缆 2m、水晶头 8 个、网线钳一把、测线器一台				
工作内容	1. 双绞线的制作 　1）根据直连线制作要求完成直连线的制作 　2）根据交叉线制作要求完成交叉线制作要求 　3）感兴趣的同学可以自行制作 4 根线芯的网线，即 1、2、3、6 线序的网线 2. 双绞线的测试 　1）根据要求，测试自己制作的直连双绞线 　2）根据要求，测试自己制作的交叉双绞线				
注意事项	1. 遵守机房工作和管理制度 2. 注意用电安全、谨防触电 3. 各小组固定位置，按任务顺序展开工作 4. 爱护工具仪器 5. 按规范使用操作，防止损坏仪器仪表 6. 保持环境卫生，不乱扔废弃物				

1.1.4 任务实施

1.1.4.1 网线制作准备

网线制作之前首先要准备制作材料双绞线、水晶头以及制作工具网线钳等。8 芯双绞线如图 1-8 所示。

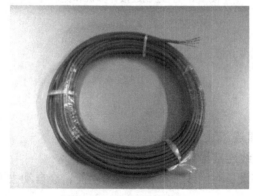

图 1-8 8 芯双绞线

RJ45 接头采用透明塑料材料制作，由于其外观晶莹透亮，常被称为"水晶头"，水晶头如图 1-9 所示。RJ45 接口具有 8 个铜制引脚，在没有完成压制前，引脚凸出于接口，引脚的下方是悬空的，有两到三个尖锐的突起。在压制线材时，引脚向下移动，尖锐部分直接穿透双绞线铜芯外的绝缘塑料层与线芯接触，很方便地实现接口与线材的连通。

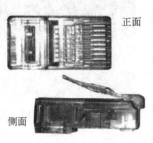

图 1-9　水晶头

网线钳规格型号很多，分别适用于不同类型接口与电缆的连接，通常用 XPYC 的方式来表示（其中 X、Y 为数字），P 表示接口的槽位（Position）数量，常见的有 8P、4P 和 6P，分别表示接口有 8 个、4 个和 6 个引脚凹槽；C 表示接口引脚连接铜片（Contact）的数量。如常用的标准网线接口为 8P8C，表示有 8 个凹槽和 8 个引脚。网线钳及电缆测试仪如图 1-10 和图 1-11 所示。

图 1-10　网线钳　　　　　　　　　　　　　图 1-11　电缆测试仪

1.1.4.2　网线制作

按照 T568B 线序标准制作直连双绞线，制作步骤如下：

1）如制作 1m 的双绞线，需要准备 1.1m 的线缆，多出的 0.10m 用于制作网线时裁剪部分，或者在制作网线失败时，剪掉损坏的网线头重做。

2）首先把双绞线的外壳剥掉，此时需要注意剥掉多少长度的外壳，一般要剥掉 1.5～2cm。

可以利用到网线钳的剪线刀口将线头剪齐，再将线头放入剥线专用的刀口，稍微用力握紧网线钳慢慢旋转，让刀口划开双绞线的保护胶皮，并把一部分的保护胶皮去掉，如图 1-12～图 1-15 所示。

图 1-12　确定长度

图 1-13　切线皮

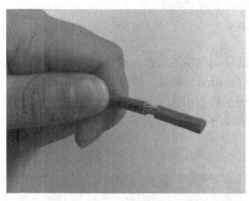

图 1-14　剥线

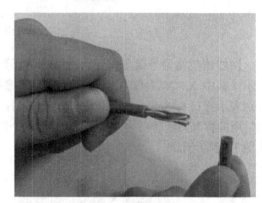

图 1-15　拔线皮

剥除外壳之后即可见到双绞线网线的 8 根 4 对铜芯线，如图 1-16 所示，分别为橙色组、绿色组、蓝色组、棕色组，共四组，每组颜色各不相同。每组缠绕的两根铜线是由一种纯色的芯线和纯色与白色相间的铜线组成。制作网线时必须 8 根铜线按照规定的线序排列整齐后理顺并扯直。

3）将 8 根铜线分别解开缠绕并理直，理线如图 1-17 所示。

图 1-16　8 根 4 对铜芯线

图 1-17　理线

理直后按照制作网线的特定线序排列铜线，排序如图 1-18 所示。

线序排完之后需要将 8 根铜线一起扯直，以便于裁剪并插入网线头中，扯直如图 1-19 所示。

图 1-18　排序

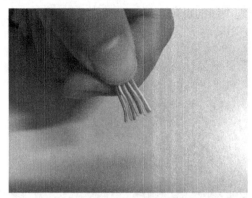

图 1-19　扯直

如图 1-19 所示，8 根铜线并不整齐，需要使用网线钳的裁剪口，对齐如图 1-20 所示，裁齐如图 1-21 所示。

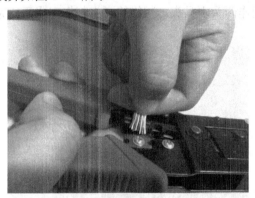

图 1-20　对齐

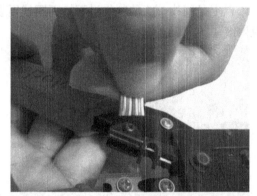

图 1-21　裁齐

4）把整理好的铜线插入水晶头中，注意图中水晶头的位置，有铜片的一侧面向读者，插线如图 1-22 所示。

铜线插入后要保证外壳有部分在水晶头中，以便于压线时被固定线缆使用的塑料扣压住，压皮如图 1-23 所示。

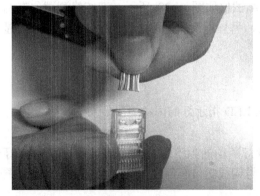

图 1-22　插线

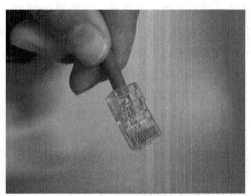

图 1-23　压皮

5）把插入铜线的水晶头插入网线钳 8P 的压线口处，如图 1-24 及图 1-25 所示。注意压线时一定要保证铜线顶到水晶头前端，保证压线后水晶头的铜片能压在铜线上，否则会出现线缆不通的现象。

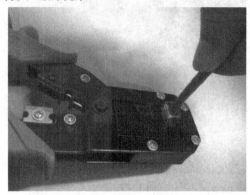

图 1-24　压线

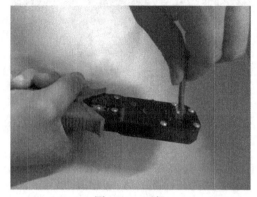

图 1-25　压紧

6）线缆制作完成后，如图 1-26 所示。

以上是网线一头的制作过程，而网线需要制作两头水晶头。网线的两头制作完成后，完整网线如图 1-27 所示。

图 1-26　网线

图 1-27　完整网线

1.1.4.3　网线测量

双绞线制作完成之后，为了检测双绞线是否连接正确需要对双绞线进行测量。在对双绞线进行测量之前，先认识一下电缆测试仪。电缆测试仪如图 1-28 所示。双绞线测试仪有两个 RJ-45 接口可以分别插入双绞线两端的连接头，另外电缆测试仪面板上的 LED 灯用来显示双绞线线序的连接顺序。

双绞线的测试步骤如下：

1）连接测试网线。

如图 1-29 所示为连接网线后打开测试仪观察 LED 指示灯的闪动情况。

2）测试结果。

如果测试的网线为直连线，则两组测试 LED 灯闪动的顺序为 1～8，如果有某个 LED 灯不亮，如 4 灯不亮，说明按照线序排列顺序的 4 号铜线制作有问题，其原因可能是水晶头铜片没有压住 4 号铜线。

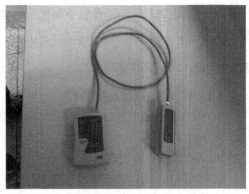

图 1-28 电缆测试仪　　　　　　　　　　　图 1-29 测试网线

如果测试的网线为交叉线，若一侧的 LED 指示灯为 1～8 闪动，另外一侧则会按照 3、6、1、4、5、2、7、8 这样的顺序依次闪动绿灯。

1.1.5 任务评价

计算机网络认知与网线的制作和测量任务评价表如表 1-2 所示。

表 1-2 计算机网络认知与网线的制作和测量任务评价表

项目 1　组建 SOHO 局域网任务评价表					
任务名称		任务 1.1　计算机网络认知与网线的制作和测量			
班　级			小　组		
评价要点	评价内容		分　值	得分	备注
基础知识 （20分）	是否明确工作任务、目标		5		
	双绞线的概念		5		
	双绞线的分类		5		
	双绞线的制作标准		5		
任务实施 （60分）	直连双绞线的制作		20		
	直连双绞线的测试		10		
	交叉双绞线的制作		20		
	交叉双绞线的测试		10		
（20分）	遵守机房工作和管理制度		5		
	各小组固定位置，按任务顺序展开工作		5		
	按规范使用操作，防止损坏仪器仪表		5		
	保持环境卫生，不乱扔废弃物		5		
合计					

任务 1.2　组建 SOHO 局域网

1.2.1 任务描述

在上两项考核中小张分别制作了双绞线，并将计算机网卡安装完毕，现在考官又提供了交换机一台及 PC 若干，要求小张使用这些设备组建一个简单的 SOHO 局域网，请协助小张完成此项考核。

1.2.2 必要知识准备

1.2.2.1 SOHO 局域网介绍

SOHO 即 Small Office Home Office，家居办公，大多指那些专门的自由职业者。在本例中，SOHO 局域网指小型家居办公局域网络，它从本质上讲也是局域网，所有适用于局域网的技术，在其上均可实现。

在前面的章节中读者基本了解了什么是计算机网络，那计算机网络都有哪些呢？

计算机网络的分类方法有很多种，下面介绍几种常用的分类方式。

1）根据计算机网络范围大小的不同：可以分为局域网、城域网和广域网。

局域网（LAN）是指覆盖范围在 10 km 之内的网络，如校园网、企业网等。为单位专用，高速，低误码率。

城域网（MAN）在一个较大的地理范围内分布（几十千米）。为一个系统拥有，如银行、城市的教育网等。

广域网（WAN）地理范围在几百至几千千米，如 Internet。

2）根据结构的不同可分为如下几种网络。

总线型：所有节点挂接到一条总线上，总线型如图 1-30 所示。使用广播方式进行通信，所以需要有介质访问控制规程以防止冲突。

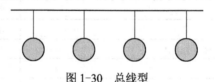

图 1-30　总线型

星形：有一个中心节点，其他节点与其构成点到点连接，星形如图 1-31 所示。

树形：一个根节点、多个中间分支节点和叶子节点构成，树形如图 1-32 所示。

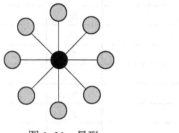
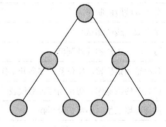

图 1-31　星形　　　　　　　　　　图 1-32　树形

环形：所有节点连接成一个闭合的环，节点之间为点到点连接，环形如图 1-33 所示。

全连接：点到点全连接，连接数随节点数的增长迅速增长（N（N-1）/2），使建造成本大大提高，只适用于节点数很少的广域网中，全连接如图 1-34 所示。

不规则（网状）：点到点部分连接，多用于广域网，由于连接的不完全性，需要有交换节点，不规则如图 1-35 所示。

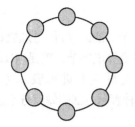

图 1-33　环形

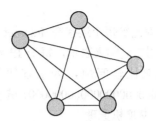

图 1-34　全连接

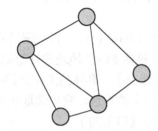

图 1-35　不规则

根据通信传播方式的不同，可以分为点到点传输方式网络和广播方式的网络。

点对点传输方式的网络：由一对对机器间的多条传输链路构成。信源与信宿之间的通信需经过一台和多台中间设备进行传输，主要包括网状、环形、树形和星形网络。

广播方式网络：一台计算机发送的信息可被网络上所有的计算机接收。主要包括总线型、无线（微波、卫星）等网络。

3）按照通信介质的不同分为有线网和无线网。

有线网：采用（如同轴电缆、双绞线和光纤等）物理介质来传输数据的网络。

无线网：采用 Wi-Fi 等无线形式来传输数据的网络。

1.2.2.2　物理（MAC）地址及 IP 地址

交换机在进行数据转发时是通过识别数据包中的 MAC 地址进行端口查找和数据转发的。MAC（Media Access Control，介质访问控制）地址也叫硬件地址，通俗解释就是网卡的物理地址，现在的 MAC 地址一般都采用 6B48bit 地址。MAC 地址也叫物理地址、硬件地址或链路地址，由网络设备制造商生产时写在硬件内部。这个地址与网络无关，也即无论将带有这个地址的硬件（如网卡、集线器和路由器等）接入到网络的何处，它都有相同的 MAC 地址。MAC 地址的长度为 48 位（6 个字节），通常表示为 12 个十六进制数，每两个十六进制数之间用冒号隔开，如 08:00:20:0A:8C:6D 就是一个 MAC 地址，其中前 6 位十六进制数 08:00:20 代表网络硬件制造商的编号，它由 IEEE（Istitute of Electrical and Electronics Engineers，电气与电子工程师协会）分配，而后 3 位十六进制数 0A:8C:6D 代表该制造商所制造的某个网络产品（如网卡）的系列号。每个网络制造商必须确保它所制造的每个以太网设备都具有相同的前三个字节以及不同的后三个字节。这样就可保证世界上每个以太网设备都具有唯一的 MAC 地址。

网络中的 IP 地址是以 MAC 地址为基础的，在网络上如果只使用 IP 地址，系统无法识别 IP 地址对应的网络设备，而是需要通过 IP 地址与 MAC 地址的关联，才能识别网络中的设备。

IP 地址就是给每个连接在 Internet 上的主机分配的一个 32bit 地址。按照TCP/IP 协议规定，IP 地址用二进制来表示，每个 IP 地址长 32bit，比特换算成字节，就是 4B。由于二进制地址使用起来比较麻烦，为了方便使用，IP 地址常被写成十进制表示方式，例如：00001010000000000000000000000001 被表示为 10.0.0.1。这种表示方法叫做点分十进制表示法。

1.2.2.3 交换机原理

组建 SOHO 网络可以使用集线器也可以使用交换机，随着价格成本的降低以及交换机在性能上的优越性，越来越多的人们使用交换机来组建对等网络。在正式组建对等网络之前，先介绍一下交换机的工作原理。

传统的局域网交换机是一种二层网络设备，属数据链路层设备，可以识别数据包中的 MAC（机器地址编码）地址信息，根据 MAC 地址进行数据转发，并将这些 MAC 地址与对应的端口记录在自己内部的一个地址表中。具体的工作流程如下：

1）当交换机从某个端口收到一个数据包，它先读取包头中的源 MAC 地址，这样它就知道源 MAC 地址的机器是连在哪个端口上的了。

2）再去读取包头中的目的 MAC 地址，并在地址表中查找相应的端口。

3）如表中有与这目的 MAC 地址对应的端口，把数据包直接复制到这端口上。

4）如表中找不到相应的端口则把数据包广播到所有端口上，当目的机器对源机器回应时，交换机又可以学习一目的 MAC 地址与哪个端口对应，在下次传送数据时就不再需要对所有端口进行广播了。

交换机不断的循环这个过程，对于全网的 MAC 地址信息都可以学习到，从而建立和维护自己的地址表。

1.2.3 任务单

组建 SOHD 局域网任务单如表 1-3 所示。

表 1-3 组建 SOHO 局域网任务单

学习单元	组建 SOHO 局域网		课时	
工作任务	任务 1.2 组建 SOHO 局域网		课时	
班级		小组编号	成员名单	
任务描述	要求实现 SOHO 局域网内的数据和资源共享，实现网内的用户的数据互通及资源共享			
工具材料	交换机 1 台、计算机 4 台、打印机 1 台、网线若干			
工作内容	1. 搭建实验环境 2. 配置 SOHO 网络内各计算机 IP 地址及验证网络联通性 3. 配置文件夹共享 4. 配置打印机共享			
注意事项	1. 遵守机房工作和管理制度 2. 注意用电安全、谨防触电 3. 各小组固定位置，按任务顺序展开工作 4. 爱护工具仪器 5. 按规范使用操作，防止损坏仪器仪表 6. 保持环境卫生，不乱扔废弃物			

1.2.4 任务实施

1.2.4.1 任务准备

在本考核任务中，考官一共提供了一台交换机和 3 台计算机，在上个任务中小张已经安装好网卡的一台计算机也可以使用。这样小张就一共有一台交换机和 4 台计算机。为了使用交换机组建星形网络，小张还需要制作 4 根网线。

1.2.4.2 组建 SOHO 局域网

根据任务考核要求，使用交换机作为中心节点，搭建星形网络，如图 1-36 所示。

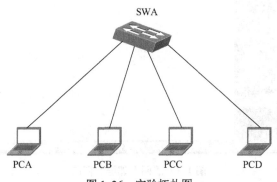

图 1-36 实验拓扑图

按照图 1-36 搭建实验拓扑，完成后对网络中的设备进行相关的配置，网络设备的配置步骤如下：

（1）设置计算机名和工作组名

首先对网络中的 4 台计算机进行命名。用鼠标右键单击"我的电脑"，选择"属性"选项，打开"系统属性"窗口，选择"计算机名"选项卡。单击"更改"按钮，打开"计算机名称更改"对话框，分别设置计算机名称为"PCA"、"PCB"、"PCC"和"PCD"，设置工作组名为"实验组 XX"。

（2）规划计算机的 IP 地址

需要对网络中的每台计算机设置 IP 地址，并且这些 IP 地址必须在相同的网段，这样计算机之间才能相互识别进行通信。本案例中 4 台计算机的 IP 地址规划表如表 1-4 所示。

表 1-4 IP 地址规划表

计 算 机	IP 地 址	子 网 掩 码
PCA	192.168.1.10	255.255.255.0
PCB	192.168.1.11	255.255.255.0
PCC	192.168.1.12	255.255.255.0
PCD	192.168.1.14	255.255.255.0

（3）配置计算机的 IP 地址

以 Windows XP 操作系统为例，设置计算机的 IP 地址，配置 IP 地址过程如下：

1）打开桌面上的"网上邻居"，网上邻居如图 1-37 所示。

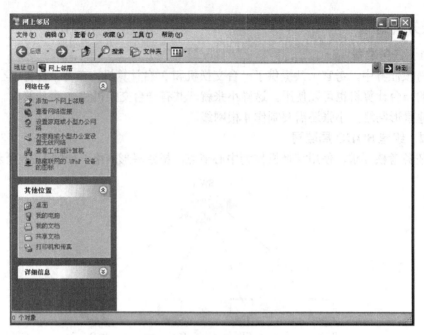

图 1-37 "网上邻居"窗口

选择左侧的"网络任务"栏,单击"查看网络连接",打开"网络连接"窗口,网络连接如图 1-38 所示。

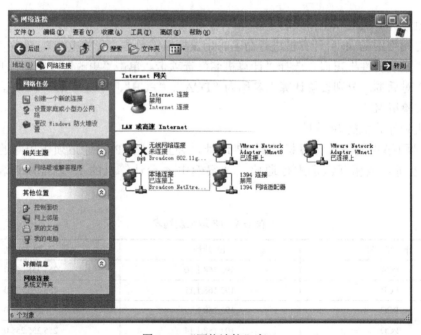

图 1-38 "网络连接"窗口

2)选择"本地连接",用鼠标右键单击"属性"选项,打开"本地连接 属性"窗口。本地连接 属性如图 1-39 所示。

图 1-39 "本地连接 属性"窗口

3）选择"本地连接 属性"窗口中常规选项卡下的"Internet 协议（TCP/IP）"选项，单击"属性"按钮，打开"Internet 协议（TCP/IP）属性"窗口，按照前面 PC 的规划 IP 地址在窗口设置 PC 的 IP 地址。本次设置 PCA 的 IP 地址为 192.168.1.10，Internet 协议（TCP/IP）属性如图 1-40 所示。

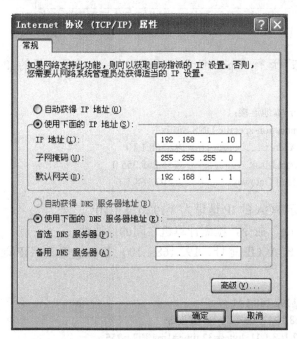

图 1-40 "Internet 协议（TCP/IP）属性"窗口

4）单击"确定"按钮，返回"本地连接 属性"窗口，选中"连接后在通知区域显示图标"复选按钮。

5）重复以上步骤设置其他 3 台 PC 的 IP 地址设置。

1.2.4.3 网络连通性测试

PC 的 IP 地址配置完成后就能够实现网络中 4 台 PC 间的相互通信了。在 PC 间实际通信之前要先验证一下这 4 台 PC 之间的连通性。可通过下面两种方式进行连通性检验：

1）在任一台计算机上用鼠标双击桌面上的"网上邻居"图标，检查能否看到网络中其他计算机的名称。如果能看到其他计算机的名称说明对等网设置正确。

2）在"开始"→"运行"框中输入"cmd"切换到命令行状态，"CMD"命令行窗口如图 1-41 所示。

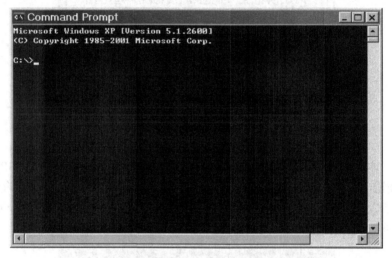

图 1-41 "CMD"命令行窗口

3）在命令行状态下运行"Ipconfig"→"all"命令，查看本机的 IP 地址信息。

```
C:\>Ipconfig
Ethernet adapter 本地连接:
        Connection-specific DNS Suffix   . :
        IP Address. . . . . . . . . . . . : 192.168.1.10
        Subnet Mask . . . . . . . . . . . : 255.255.255.0
        Default Gateway . . . . . . . . . : 192.168.1.1
```

上面运行结果显示 PCA 的 IP 地址为"192.168.1.10"。

4）继续运行"Ping"命令，检测计算机之间的连通性。

本测试中可以在 PCA（IP 地址：192.168.1.10）上 ping PCB（IP 地址 192.168.1.11），观察测试结果。

```
C:\ >ping 192.168.1.11
Pinging 192.168.1.11 with 32 bytes of data:
Reply from 192.168.1.11: bytes=32 time=1ms TTL=255
Reply from 192.168.1.11: bytes=32 time=2ms TTL=255
```

Reply from 192.168.1.11: bytes=32 time=2ms TTL=255
Reply from 192.168.1.11: bytes=32 time=4ms TTL=255

Ping statistics for 192.168.1.11:
    Packets: Sent = 4, Received = 4, Lost = 0 (0% loss),
Approximate round trip times in milli-seconds:
Minimum = 1ms, Maximum = 4ms, Average = 2ms

上面测试结果表明这两台计算机间通信正常，其他几台计算机之间的连通性测试也可以依此进行。

可以通过"网上邻居"访问星形拓扑局域网中的计算机。

用鼠标双击桌面上的"网上邻居"图标，可以显示对等网络中的每台计算机，单击对等网络中的计算机便可以实现对这些计算机的访问。

1.2.5 任务评价

组建 SOHO 局域网任务评价表如表 1-5 所示。

表 1-5 组建 SOHO 局域网任务评价表

项目 1　组建 SOHO 局域网任务评价表				
任务名称		任务 1.2　组建 SOHO 局域网		
班　　级		小　组		
评价要点	评价内容	分　值	得分	备注
基础知识 （20分）	是否明确工作任务、目标	5		
	什么是计算机网络	5		
	计算机网络的分类	5		
	计算机网络的功能	5		
任务实施 （60分）	搭建实验环境	15		
	配置 SOHO 网络内计算机的 IP 地址及验证网络连通性	15		
	配置共享文件夹	15		
	验证共享文件夹	15		
操作规范 （20分）	遵守机房工作和管理制度	5		
	各小组固定位置，按任务顺序展开工作	5		
	按规范使用操作，防止损坏实验设备	5		
	保持环境卫生，不乱扔废弃物	5		
合计				

项目 2　组建 VLAN 虚拟局域网

【背景描述】

小张是北京信息科技开发有限公司负责公司内部网络设备的员工，随着公司的发展，公司内部网络用户的不断增加，公司内部的网络状况每况愈下，小张需要使用新的交换机以及 VLAN（Virtual Local Area Network）技术来满足公司日益增加的网络需求，请随着小张一起学习交换机设备的使用以及 VLAN 的技术原理吧！

【学习目标】

学习目标 1：交换机的基本操作与认知。要求掌握交换机的基础知识，掌握交换机的基本配置方法，包括登录方法及网线连接等。

学习目标 2：组网 VLAN 网络。要求掌握 VLAN 技术的基本原理，掌握交换机下配置 VLAN 的基本方法以及交换机的级联方法。

学习目标 3：实现 VLAN 间的网络互通。要求掌握使用三层设备完成 VLAN 互通的设备连接方法以及交换机的配置方法。

【任务分解】

任务 2.1：组建 VLAN 网络。

任务 2.2：实现不同 VLAN 间网络互通。

任务 2.1　组建 VLAN 网络

2.1.1　任务描述

随着公司规模的扩大，公司内部网络用户的不断增加，公司原有的一台交换机设备已经无法满足现有网络用户的需求，为此，小张决定采纳公司内部员工建议增加一台交换机来满足办公的需要，但在运行的过程中，不断有员工抱怨网络速度越来越慢，为了解决该问题，小张决定在整个网络中划分两个 VLAN，来隔离广播域，解决网络风暴问题。所谓广播风暴，简单地讲，当广播数据充斥网络无法处理，并占用大量网络带宽，导致正常业务不能运行，甚至彻底瘫痪，这就发生了"广播风暴"。一个数据帧或包被传输到本地网段上的每个节点就是广播；由于网络拓扑的设计和连接问题，或其他原因导致广播在网段内大量复制，传播数据帧，导致网络性能下降，甚至网络瘫痪，这就是广播风暴。

2.1.2　必要知识准备

VLAN 的中文名为"虚拟局域网"。VLAN 是一种将局域网设备从逻辑上划分成一个个网段，从而实现虚拟工作组的新兴数据交换技术，能将网络划分为多个广播域，从而有效地控制广播风暴的发生。

2.1.2.1 虚拟局域网的基本原理

以太网是一种基于 CSMA/CD（Carrier Sense Multiple Access/Collision Detect，载波侦听多路访问/冲突检测）的共享通信介质的数据网络通信技术，当主机数目较多时会导致冲突严重、广播泛滥、性能显著下降甚至使网络不可用等问题。通过交换机实现 LAN 互联虽然可以解决冲突（Collision）严重的问题，但仍然不能隔离广播报文。在这种情况下出现了 VLAN 技术，这种技术可以把一个 LAN 划分成多个逻辑的 LAN——VLAN，每个 VLAN 是一个广播域，VLAN 内的主机间通信就和在一个 LAN 内一样，而 VLAN 间则不能直接互通，这样，广播报文被限制在一个 VLAN 内。

原始以太网帧封装格式如图 2-1 所示。其中 DA 表示目的 MAC 地址，SA 表示源 MAC 地址，Type 表示报文所属协议类型。

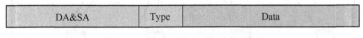

图 2-1　原始以太网帧封装格式

VLAN 是为解决以太网的广播问题和安全性而提出的一种协议，它在以太网帧的基础上增加了 VLAN 头，添加 VLAN 头后的封装格式如图 2-2 所示。

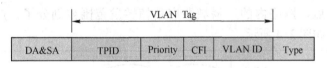

图 2-2　添加 VLAN 头后的封装格式

VLAN Tag 包含四个字段，分别是 TPID（Tag Protocol Identifier，选项卡协议标识符）、Priority、CFI（Canonical Format Indicator，标准格式指示位）和 VLAN ID。

TPID 用来判断本数据帧是否带有 VLAN Tag，长度为 16bit，默认取值为 0x8100。

Priority 表示报文的 802.1P 优先级，长度为 3bit。

CFI 字段标识 MAC 地址在不同的传输介质中是否以标准格式进行封装，长度为 1bit，取值为 0 表示 MAC 地址以标准格式进行封装，为 1 表示以非标准格式封装，默认取值为 0。

VLAN ID 标识该报文所属 VLAN 的编号，长度为 12bit，取值范围为 0～4095。由于 0 和 4095 为协议保留取值，所以 VLAN ID 的取值范围为 1～4094。

网络设备利用 VLAN ID 来识别报文所属的 VLAN，根据报文是否携带 VLAN Tag 以及携带的 VLAN Tag 值，来对报文进行处理。

用 VLAN ID 把用户划分为更小的工作组，限制不同工作组间的用户互访，每个工作组就是一个虚拟局域网。虚拟局域网的好处是可以限制广播范围，并能够形成虚拟工作组，动态管理网络。

VLAN 技术的出现，使得管理员根据实际应用需求，把同一物理局域网内的不同用户逻辑地划分成不同的广播域，每一个 VLAN 都包含一组有着相同需求的计算机工作站，与物理上形成的 LAN 有着相同的属性。由于它是从逻辑上划分，而不是从物理上划分，所以同一个 VLAN 内的各个工作站没有限制在同一个物理范围中，即这些工作站可以在不同物理

LAN 网段。VLAN 技术主要应用于交换机和路由器中，但不是所有交换机都具有此功能，只有 VLAN 协议的第三层以上交换机才具有此功能。

划分 VLAN 前，网络内任何广播帧都会被转发给除接收端口外的所有端口，如图 2-3 所示。

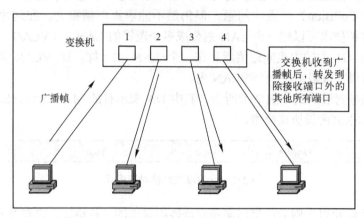

图 2-3 划分 VLAN 前

划分 VLAN 后，网络内的广播域即广播帧转发范围被划分了，广播帧只在同一个 VLAN 内被转发，如图 2-4 所示。

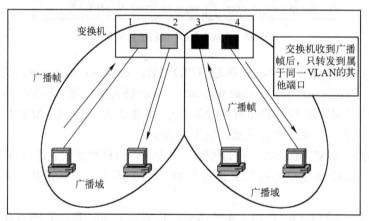

图 2-4 划分 VLAN 后

2.1.2.2 虚拟局域网的划分

在交换式的以太网要实现 VLAN 主要有三种方法，分别是：基于端口的 VLAN、基于 MAC 地址（网卡的硬件地址）的 VLAN 和基于 IP 地址的 VLAN。除了这三种主要划分 VLAN 的方法外，还有一些其他划分方法，如根据 IP 组播划分 VLAN、基于规则划分 VLAN 等，感兴趣的读者可以自己查找资料学习。

（1）基于端口的虚拟局域网。

基于端口的虚拟局域网是最实用的虚拟局域网，它保持了最普通、常用的虚拟局域网成员定义方法，配置也相当直观简单，就局域网中的站点具有相同的网络地址，不同的虚拟局域网之间进行通信需要通过路由器。采用这种方式的虚拟局域网其不足之处是灵活性不好。

例如，当一个网络站点从一个端口移动到另外一个新的端口时，如果新端口与旧端口不属于同一个虚拟局域网，则用户必须对该站点重新进行网络地址配置，否则，该站点将无法进行网络通信。在基于端口的虚拟局域网中，每个交换端口可以属于一个或多个虚拟局域网组，比较适用于连接服务器。

（2）基于 MAC 地址的虚拟局域网

在基于 MAC 地址的虚拟局域网中，交换机对站点的 MAC 地址和交换机端口进行跟踪，在新站点入网时根据需要将其划归至某一个虚拟局域网，而无论该站点在网络中怎样移动，由于其 MAC 地址保持不变，因此用户不需要进行网络地址的重新配置。这种虚拟局域网技术的不足之处是在站点入网时，需要对交换机进行比较复杂的手工配置，以确定该站点属于哪一个虚拟局域网。

（3）基于 IP 地址的虚拟局域网

在基于 IP 地址的虚拟局域网中，新站点在入网时无需进行太多配置，交换机则根据各站点网络地址自动将其划分成不同的虚拟局域网。在三种虚拟局域网的实现技术中，基于 IP 地址的虚拟局域网智能化程度最高，实现起来也最复杂。

2.1.2.3 虚拟局域网技术的优点

从前面提到了在以太网中划分虚拟局域网的三个原因，因此虚拟局域网的优点也主要体现在这三个方面。

1）控制广播风暴。一个 VLAN 就是一个单独的广播域，VLAN 之间相互隔离，隔离了广播、缩小了广播范围，可以控制广播风暴的产生，并大大提高了网络的利用率。

2）提高网络整体安全。人们在 LAN 上经常传送一些保密的、关键性的数据，保密的数据应提供访问控制等安全手段才能保证数据的安全性。通过 VLAN 可以将网络分段为几个不同的广播组，网络管理员限制了 VLAN 中用户的数量和权限，被限制的应用程序和资源一般置于安全性 VLAN 中，禁止用户未经允许而访问的 VLAN 中的应用。

3）网络管理简单、直观。对于交换式以太网，如果对某些用户重新进行网段分配，需要网络管理员对网络系统的物理结构重新进行调整，甚至需要追加网络设备，增大网络管理的工作量。而对于采用 VLAN 技术的网络来说，一个 VLAN 可以根据部门职能、对象组或者应用在不同地理位置的网络用户划分为一个逻辑网段，在不改动网络物理连接的情况下可以任意地将工作站在工作组或子网之间移动。利用虚拟网络技术，大大减轻了网络管理和维护工作的负担，降低了网络维护费用。

2.1.2.4 利用交换机划分 VLAN

（1）交换机的登录

利用交换机划分 VLAN 首先要通过计算机与交换机的"Console"端口直接连接进行交换机的配置。

1）交换机上一般有一个"Console"端口，它是专门用于对交换机进行配置和管理的。通过专门的 Console 线连接计算机的串行口和交换机的 Console 接口，设备连接如图 2-5 所示。

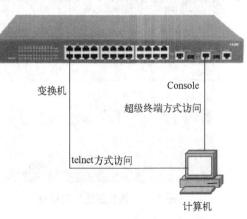

图 2-5 设备连接

交换机　　　　　　　Console

超级终端方式访问

telnet方式访问

计算机

2）运行计算机中的"超级终端"组件。可通过"所有程序"→"附件"→"通讯"→"超级终端（HyperTerminal）"进入超级终端窗口，如图2-6所示。

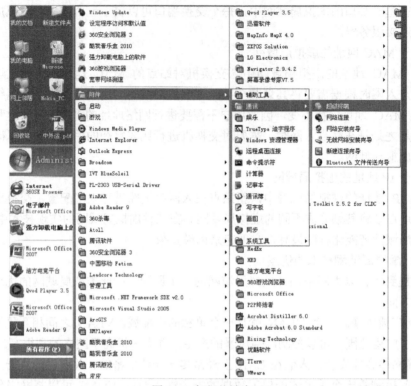

图2-6　超级终端窗口

3）单击"超级终端"图标，建立新的连接，系统弹出图2-7所示的连接说明界面。

4）在"名称"文本框中键入需新建超级终端连接项名称，这主要是为了便于识别，没有什么特殊要求，这里键入"H3C"，如果想为这个连接项选择一个读者喜欢的图标的话，也可以在下图的图标栏中选择一个，然后单击"确定"按钮，弹出新的对话框。

5）在系统新弹出窗口中选择连接使用的串口，如图2-8所示。在"连接时使用"下拉列表框中选择连接使用的串口。

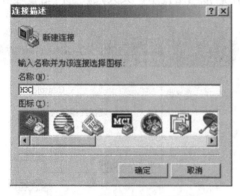

图2-7　"连接描述"对话框

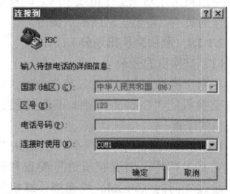

图2-8　选择连接使用的串口

6）串口选择完毕后，单击"确定"按钮，系统弹出图 2-9 所示的连接串口参数设置界面，设置波特率为 9600，数据位为 8，奇偶校验为无，停止位为 1，数据流控制为无。

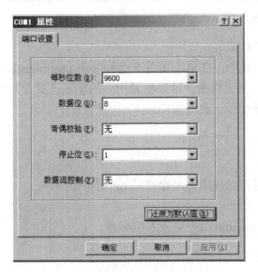

图 2-9　连接串口参数设置界面

7）串口参数设置完成后，单击"确定"按钮，系统进入图 2-10 所示的超级终端界面。

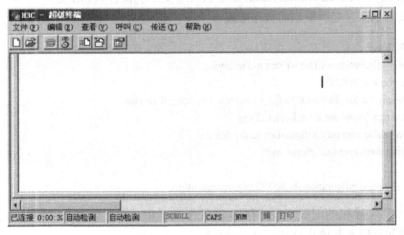

图 2-10　进入超级终端界面

在超级终端属性对话框中选择"文件"→"属性"菜单项，进入属性窗口。单击属性窗口中的"设置"选项卡，进入属性设置窗口，在其中选择终端仿真为 VT100，选择完成后，单击"确定"按钮。

（2）交换机基本操作

1）网络设备的基本视图操作。

进入用户视图：在通过超级终端登录设备后即进入网络设备的用户视图，其标示为 <H3C>，在该视图下可以使用 display Version 查看设备版本。

      <H3C>display Version

进入系统视图：在用户视图下输入 system-view 命令后按〈Enter〉键，即可进入系统视图。

    <H3C>system-view
    System View: return to User View with Ctrl+Z.

进入后系统显示为"H3C"。

进入 VTY 用户界面视图：在系统视图下键入命令 user-interface VTY number 即可进入 VTY 用户界面视图，在该视图下可以配置用户的验证方式及用户名及密码等信息，当需要返回系统视图时可以通过 quit 命令实现。

    [H3C] user-interface   VTY   0   4
    [H3C-ui-vty0-4]

当要返回上层视图时可以使用 quit 命令或 qu 简写命令。

2）更改系统名称。

在系统视图下使用 sysname 命令更改系统名称。

    [H3C]sysname SWA
    [SWA]

3）通过 display current-configuration 命令查看对交换机当前数据配置。

4）通过 display saved-configuration 命令查看对交换机保存数据配置。

5）通过命令保存交换机当前数据配置。

    [H3C]save
    The configuration will be written to the device.
    Are you sure?[Y/N]y
    Please input the file name(*.cfg)(To leave the existing filename
    unchanged press the enter key):123.cfg
    Now saving current configuration to the device.
    Saving configuration. Please wait...
    ....
    Unit1 save configuration flash:/123.cfg successfully

上面命令将交换机的配置文件保存到 123.cfg 文件中，并存如交换机的 Flash。

6）删除保存配置并重启设备。

删除保存配置。

    <SWA>reset saved-configuration
    The saved configuration file will be erased. Are you sure? [Y/N]:y
    Configuration file in flash is being cleared.
    Please wait ...

重启设备。

    <SWA>reboot
    Start to check configuration with next startup configuration file, please wait.
    ....DONE!

This command will reboot the device. Current configuration may be lost in next startup if you continue. Continue? [Y/N]:y

7) 利用交换机划分 VLAN 方法。

方法 1

在系统视图模式下，创建 VLAN10，并将 E0/1 加入到 VLAN10，命令为：

[]vlan 10
[]port ethernet 0/1

方法 2

在系统视图模式下，进入以太网端口 E0/1，命令为：

[]interface　E0/1

配置端口 E0/1 的 PVID 为 10，命令为：

[]port access vlan 10

2.1.3　任务单

组建 VLAN 网络任务单如表 2-1 所示。

表 2-1　组建 VLAN 网络任务单

学习单元	组建 VLAN 网络		课时	
工作任务	任务 2.1　组建 VLAN 网络		课时	
班级		小组编号	成员名单	
任务描述	要求掌握 VLAN 的基本原理及配置方法			
工具材料	交换机 2 台，计算机 4 台，网线 5 根，Console 线一根			
工作内容	1. 交换机基本操作方法 2. VLAN 的基本配置方法			
注意事项	1. 遵守机房工作和管理制度 2. 注意用电安全、谨防触电 3. 各小组固定位置，按任务顺序展开工作 4. 爱护工具仪器 5. 按规范使用操作，防止损坏仪器仪表 6. 保持环境卫生，不乱扔废弃物			

2.1.4　任务实施

2.1.4.1　任务准备

为了满足日益增加的网络用户需求，小张使用了两台交换机采用级联方式满足公司内部越来越多的网络用户需求。为此，小张准备了交换机两台，计算机若干，网线若干，完成公司内部网络的搭建。

2.1.4.2　连接组建物理网络

小张将两台交换机采用级联的方式直接互联，未对交换机做任何配置就投入使用，请根据图 2-11 所示完成网络连接。

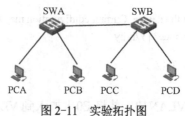

图 2-11 实验拓扑图

但在使用过程中，公司用户发现网络越来越慢，为此小张决定为交换机配置 VLAN 解决网络问题。

设备端口 IP 地址规划如下：

为了配置 VLAN，小张做了如下规划。

PCA 到 PCD 的 IP 地址分别为 192.168.1.1～192.168.1.4。

PCA 与 PCC 同属于 VLAN10，PCB 与 PCD 同属于 VLAN100。

端口 24 用做交换机之间级联，端口 1.2 分别与计算机相连。

2.1.4.3 各设备具体配置

1）交换机 SWA 配置。

```
============
[H3C]vlan 10                                        //创建 VLAN//
[H3C-vlan10]quit
[H3C]vlan 100                                       //创建 VLAN//
[H3C-vlan100]quit
[H3C]interface GigabitEthernet 1/0/1               //进入端口 1 视图//
[H3C-GigabitEthernet1/0/1]port access vlan 10      //将端口 1 加入 VLAN2//
[H3C-GigabitEthernet1/0/1]quit
[H3C]interface GigabitEthernet 1/0/2               //进入端口 2 视图//
[H3C-GigabitEthernet1/0/2]port access vlan 100     //将端口 2 加入 VLAN2//
[H3C-GigabitEthernet1/0/2]quit
[H3C]interface GigabitEthernet 1/0/24              //设置交换机端口 24//
[H3C-GigabitEthernet1/0/24]port link-type trunk    //设置交换机之间的 Trunk//
[H3C-GigabitEthernet1/0/24]port trunk permit vlan al  //trunk 承载所有 VLAN//
```

2）交换机 SWB 配置。

```
============
[H3C]vlan 10                                        //创建 VLAN//
[H3C-vlan10]quit
[H3C]vlan 100                                       //创建 VLAN//
[H3C-vlan100]quit
[H3C]interface GigabitEthernet 1/0/1               //进入端口 1 视图//
[H3C-GigabitEthernet1/0/1]port access vlan 10      //将端口 1 加入 VLAN2//
[H3C-GigabitEthernet1/0/1]quit
[H3C]interface GigabitEthernet 1/0/2               //进入端口 2 视图//
[H3C-GigabitEthernet1/0/2]port access vlan 100     //将端口 2 加入 VLAN2//
[H3C-GigabitEthernet1/0/2]quit
```

```
[H3C]interface GigabitEthernet 1/0/24                        //设置交换机端口 24//
[H3C-GigabitEthernet1/0/24]port link-type trunk             //设置交换机之间的 Trunk//
[H3C-GigabitEthernet1/0/24]port trunk permit vlan all       //trunk 承载所有 VLAN//
```

2.1.4.4　网络测试

做了上述配置后，公司内部网络性能得到了有效改善，但同时小张发现不同 VLAN 之间的用户无法进行通信了，为此，小张决定使用一台三层设备解决此问题具体实现下单元将会介绍。

具体措施方法如下：

根据规划配置 PC 的 IP 地址，配置完成后验证 PCA 与 PCB，PCC 及 PCD 的连通性。

在"开始"→"运行"框中输入"cmd"切换到命令行状态，如图 2-12 所示。

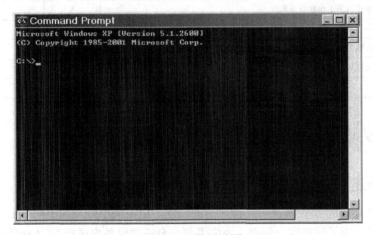

图 2-12　网络测试图

运行"Ping"命令，检测计算机之间的连通性。

在 PCA（IP 地址：192.168.1.10）上 ping PCC（IP 地址 192.168.1.3），观察测试结果。

```
        C:\ >ping 192.168.1.3
Pinging 192.168.1.1with 32 bytes of data:
Reply from 192.168.1.3: bytes=32 time=1ms TTL=255
Reply from 192.168.1.3: bytes=32 time=2ms TTL=255
Reply from 192.168.1.3: bytes=32 time=2ms TTL=255
Reply from 192.168.1.3: bytes=32 time=4ms TTL=255

Ping statistics for 192.168.1.3:
        Packets: Sent = 4, Received = 4, Lost = 0 (0% loss),
Approximate round trip times in milli-seconds:
Minimum = 1ms, Maximum = 4ms, Average = 2ms
```

测试结果显示 PCA 与 PCC 互通，但 PCA 与 PCB 及 PCD 不互通。

2.1.5　任务评价

组建 VLAN 网络任务评价表如表 2-2 所示。

表 2-2　组建 VLAN 虚拟局域网任务评价表

项目 2　组建 VLAN 虚拟局域网任务评价表					
任务名称			任务 2.1　组建 VLAN 网络		
班　　级			小　　组		
评价要点	评价内容		分　值	得分	备注
基础知识 （20 分）	是否明确工作任务、目标		5		
	什么是 VLAN 及 VLAN 的划分方法		5		
	VLAN 的基本原理		10		
任务实施 （60 分）	交换机的基本配置方法		30		
	VLAN 的基本配置方法		30		
操作规范 （20 分）	遵守机房工作和管理制度		5		
	各小组固定位置，按任务顺序展开工作		5		
	按规范使用操作，防止损坏实验设备		5		
	保持环境卫生，不乱扔废弃物		5		
合　　计					

任务 2.2　实现不同 VLAN 间网络互通

2.2.1　任务描述

通过划分 VLAN，小张解决了广播风暴的问题，但很快小张发现不同 VLAN 之间的主机无法互相访问了，为了解决这一问题，小张需要一台三层设备来进行 VLAN 之间的转发。

2.2.2　必要知识准备

VLAN 技术是将同一个局域网内的用户在逻辑上划分为不同的区域，在二层上，VLAN 之间是隔离的。不同 VLAN 之间的访问要跨越 VLAN，要使用三层转发引擎提供的 VLAN 间路由功能。

下面举个例子来说明通信过程。假设两个使用 IP 协议的站点 A、B 通过第三层交换机进行通信，发送站 A 在开始发送时，把自己的 IP 地址与 B 站的 IP 地址比较，判断 B 站是否与自己在同一子网内，若目的站 B 与发送站 A 在同一子网内，则进行二层的转发，若两个站点不在同一子网内，如发送站 A 要与目的站 B 通信，发送站 A 要向三层交换机的三层交换模块发出 ARP（地址解析）封包。当发送站 A 对三层交换模块的 IP 地址广播出一个 ARP 请求时，如果三层交换模块在以前的通信过程中已经知道 B 站的 MAC 地址，则向发送站 A 回复 B 的 MAC 地址，否则三层交换模块根据路由信息向 B 站广播一个 ARP 请求，B 站得到此 ARP 请求后向三层交换模块回复其 MAC 地址，三层交换模块保存此地址并回复给发送站 A，同时将 B 站的 MAC 地址发送到二层交换引擎的 MAC 地址表中。从这以后，A 向 B 发送的数据包便全部交给二层交换处理，信息得以高速交换。可见由于仅仅在路由过程中才需要三层处理，绝大部分数据都通过二层交换转发，三层交换机的速度很快，接近二层交换机的速度。

2.2.3 任务单

实现不同 VLAN 间网络互通任务单如表 2-3 所示。

表 2-3   实现不同 VLAN 间网络互通任务单

学习单元	组建 VLAN 网络		课时	
工作任务	任务 2.2 实现不同 VLAN 间网络互通		课时	
班级		小组编号		成员名单	
任务描述	要求掌握 VLAN 的基本原理及配置方法			
工具材料	交换机 2 台，计算机 4 台，网线 5 根，Console 线一根			
工作内容	1. 交换机基本操作方法 2. 使用三层交换配置 VLAN 互通的方法			
注意事项	1. 遵守机房工作和管理制度 2. 注意用电安全、谨防触电 3. 各小组固定位置，按任务顺序展开工作 4. 爱护工具仪器 5. 按规范使用操作，防止损坏仪器仪表 6. 保持环境卫生，不乱扔废弃物			

2.2.4 任务实施

为了满足不同 VLAN 之间能够进行互相通信的要求，小张又购置了一台三层交换机，用来实现不同 VLAN 之间的通信。为此小张将原有拓扑结构改为如图 2-13 所示的网络结构，其中 SWC 为三层交换机，通过 SWC 实现网络内原有不同 VLAN 之间的通信。

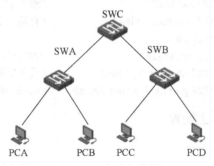

图 2-13   实验拓扑图

具体配置过程如下：

在 SWA 上与 SWB 上分别创建 VLAN10 与 vlan100 并将各自计算机所在端口 1，2 分别加入创建的 VLAN 中。SWA 与 SWB 上行端口分别为端口 23 与端口 24 与三层交换机 SWC 的端口 23，24 互联。PCA 与 PCC 位于 vlan10，其 IP 地址分别为 192.168.1.1 /255.255.255.0 和 192.168.1.2 /255.255.255.0，网关均为：192.168.1.254/255.255.255.0。PCB 与 PCD 位于 vlan100，其 IP 地址分别为 192.168.2.1 /255.255.255.0 和 192.168.2.2 /255.255.255.0，网关均为：192.168.2.254/255.255.255.0。为了保证不同 VLAN 之间的主机能够互相通信，需要在设备上做以下配置。

2.2.4.1   在交换机 SWA 上配置

```
============
[H3C]vlan 10                                                    //创建 VLAN//
```

```
[H3C-vlan10]quit
[H3C]vlan 100                                          //创建 VLAN//
[H3C-vlan100]quit
[H3C]interface GigabitEthernet 1/0/1                   //进入端口 1 视图//
[H3C-GigabitEthernet1/0/1]port access vlan 10          //将端口 1 加入 VLAN2//
[H3C-GigabitEthernet1/0/1]quit
[H3C]interface GigabitEthernet 1/0/2                   //进入端口 2 视图//
[H3C-GigabitEthernet1/0/2]port access vlan 100         //将端口 2 加入 VLAN2//
[H3C-GigabitEthernet1/0/2]quit
[H3C]interface GigabitEthernet 1/0/23                  //设置交换机端口 23//
[H3C-GigabitEthernet1/0/23]port link-type trunk        //设置交换机之间的 Trunk//
[H3C-GigabitEthernet1/0/23]port trunk permit vlan all  //trunk 承载所有 VLAN//
```

2.2.4.2　在交换机 SWB 上配置

```
============
[H3C]vlan 10                                           //创建 VLAN//
[H3C-vlan10]quit
[H3C]vlan 100                                          //创建 VLAN//
[H3C-vlan100]quit
[H3C]interface GigabitEthernet 1/0/1                   //进入端口 1 视图//
[H3C-GigabitEthernet1/0/1]port access vlan 10          //将端口 1 加入 VLAN2//
[H3C-GigabitEthernet1/0/1]quit
[H3C]interface GigabitEthernet 1/0/2                   //进入端口 2 视图//
[H3C-GigabitEthernet1/0/2]port access vlan 100         //将端口 2 加入 VLAN2//
[H3C-GigabitEthernet1/0/2]quit
[H3C]interface GigabitEthernet 1/0/24                  //设置交换机端口 24//
[H3C-GigabitEthernet1/0/24]port link-type trunk        //设置交换机之间的 Trunk//
[H3C-GigabitEthernet1/0/24]port trunk permit vlan all  //trunk 承载所有 VLAN//
```

2.2.4.3　在交换机 SWC 上配置

```
============
[H3C]vlan 10                                           //创建 VLAN//
[H3C-vlan10]quit
[H3C]interface vlan-interface 10                       //进入 vlan10 的虚接口并配置 IP 地址//
[H3C- vlan-interface10]ip address 192.168.1.254 255.255.255.0
[H3C]vlan 100                                          //创建 VLAN//
[H3C-vlan100]quit
[H3C]interface vlan-interface 100                      //进入 vlan100 的虚接口并配置 IP 地址
[H3C- vlan-interface100]ip address 192.168.2.254 255.255.255.0
[H3C]interface GigabitEthernet 1/0/23                  //设置交换机端口 23//
[H3C-GigabitEthernet1/0/23]port link-type trunk        //设置交换机之间的 Trunk//
[H3C-GigabitEthernet1/0/23]port trunk permit vlan all  //trunk 承载所有 VLAN//
[H3C]interface GigabitEthernet 1/0/24                  //设置交换机端口 24//
[H3C-GigabitEthernet1/0/24]port link-type trunk        //设置交换机之间的 Trunk//
[H3C-GigabitEthernet1/0/24]port trunk permit vlan all  //trunk 承载所有 VLAN//
```

配置完成后，需要检测不同 VLAN 之间的计算机能否互相通信。例如测试 PCA 与 PCD 之间能否互通。PCA 的 IP 地址为 192.168.1.1，PCD 的 IP 地址为 192.168.2.2。在 PCA 上输入命令 ping 192.168.2.2。

```
C:\ >ping 192.168.2.2
Pinging 192.168.2.2   with 32 bytes of data:
Reply from 192.168.2.2: bytes=32 time=5ms TTL=255
Reply from 192.168.2.2: bytes=32 time=2ms TTL=255
Reply from 192.168.2.2: bytes=32 time=2ms TTL=255
Reply from 192.168.2.2: bytes=32 time=7ms TTL=255

Ping statistics for 192.168.2.2:
    Packets: Sent = 4, Received = 4, Lost = 0 (0% loss),
Approximate round trip times in milli-seconds:
Minimum = 2ms, Maximum = 7ms, Average = 4ms
```

测试结果显示不同 VLAN 内计算机之间能够正常通信。

2.2.5 任务评价

实现不同 VLAN 间网络互通任务评价表如表 2-4 所示。

表 2-4　实现不同 VLAN 间网络互通任务评价表

项目 2　组建 VLAN 虚拟局域网					
任务名称			任务 2.2　实现不同 VLAN 间网络互通		
班　级				小　组	
评价要点	评价内容		分　值	得分	备注
基础知识 （20 分）	是否明确工作任务、目标		5		
	什么是 VLAN 及 VLAN 的划分方法		5		
	VLAN 的基本原理		10		
任务实施 （60 分）	交换机的基本配置方法		20		
	VLAN 的基本配置方法		20		
	三层交换的配置方法		20		
操作规范 （20 分）	遵守机房工作和管理制度		5		
	各小组固定位置，按任务顺序展开工作		5		
	按规范使用操作，防止损坏实验设备		5		
	保持环境卫生，不乱扔废弃物		5		
合　计					

项目 3　组建 Wi-Fi 无线局域网

【背景描述】

小张是北京信息科技开发有限公司负责公司内部网络设备的员工，随着公司的发展，公司内部网络用户的不断增加，公司内部的网络状况每况愈下，多个办公室的网线不通，多年前装修时将网线埋进墙体内和大理石地板下无法重新布线，最近又有一些 Wi-Fi 传感设备和笔记本电脑需要连网，小张需要使用新的 Wi-Fi 网络设备以及无线网络技术来满足公司日益增加的网络需求，请随小张一起学习 Wi-Fi 设备的使用以及无线网络的技术原理吧！

【学习目标】

学习目标 1：Wi-Fi 路由器的基本操作与认知。要求掌握 Wi-Fi 路由器的基础知识，掌握 Wi-Fi 路由器的基本配置方法，包括登录方法及网线连接等。

学习目标 2：Wi-Fi 网桥与中继的配置。要求掌握 Wi-Fi 网桥与中继技术的基本原理，掌握 Wi-Fi 网桥与中继的配置的基本方法以及交换机的级联方法。

学习目标 3：实现 Wi-Fi 客户端的网络互通。要求掌握使用 Wi-Fi 无线网卡完成设备连接方法以及 Wi-Fi 路由器的配置方法。

学习目标 4：熟悉校园多功能厅无线网络环境搭建。

学习目标 5：熟悉校园无线网络无缝覆盖。

【任务分解】

任务 3.1　AP 模式与路由模式的配置。

任务 3.2　Wi-Fi 中继与网桥的配置。

任务 3.3　Wi-Fi 客户端的配置。

任务 3.4　校园多功能厅无线网络环境搭建。

任务 3.5　校园无线网络无缝覆盖。

任务 3.1　AP 模式与路由模式的配置

3.1.1　任务描述

小张公司新增加了几台具有 Wi-Fi 无线功能的笔记本电脑，需要连入公司内部网络。公司原来没有无线网络设备，需要使用新 Wi-Fi 路由器完成公司增加无线网络接入的工作任务，请协助小张完成此项工作。

3.1.2　必要知识准备

3.1.2.1　WLAN 概述

WLAN（Wireless Local Area Network，无线局域网）是通过无线通信技术将计算机设备互联起来，构成可以互相通信和实现资源共享的网络体系。无线局域网本质的特点是不再使用通信电缆将计算机与网络连接起来，而是通过无线的方式连接，从而使网络的构建和终端的移动更加灵活。

3.1.2.2 WLAN 相关概念

（1）AP（Access Point）

无线终端访问有线网络的接入点，相当于无线终端与有线网络通信的桥梁。

（2）AC（Access Control）

无线控制器通过有线网络与 AP 相连，用于集中管理控制 AP。

（3）Radio

AP 上无线网卡对应的无线接口。

（4）射频（Radio Frequency）

WLAN 采用射频作为传输介质，实现 AP 与无线终端之间的通信。

（5）频段

表示频率范围。在 WLAN 中，无线设备支持的 802.11 标准不同，对应的工作频段也不同。

（6）无线用户

使用无线终端上网的用户。

3.1.2.3 WLAN 传输标准

802.11 是 IEEE 为无线局域网定义的一个无线网络通信的工业标准，此后这一标准又不断得到补充和完善，形成 802.11X 的标准系列。其中，主要的传输标准为 802.11b\a\g\n，具体说明如下：

（1）802.11b

其工作频段为 2.4GHz，最大数据传输速率可达到 11Mbit/s，根据实际需要，传输速率可降低为 11、5.5、2 或 1Mbit/s。

（2）802.11a

其工作频段为 5GHz，最大数据传输速率可达到 54Mbit/s，根据实际需要，传输速率可降低为 48、36、24、18、12、9 或 6Mbit/s。

（3）802.11g

其工作频段为 2.4GHz，最大数据传输速率可达到 54Mbit/s，支持 802.11g 的设备可向下兼容 802.11b。

（4）802.11n

支持 2.4GHz 和 5GHz 两个工作频段，最大数据传输速率可达到 600Mbit/s，支持 802.11n 的设备可向下兼容 802.11a/b/g。

3.1.2.4 Wi-Fi 简介

Wi-Fi 原先是无线保真的缩写，Wi-Fi 的英文全称为 Wireless Fidelity，在无线局域网的范畴是指"无线相容性认证"，实质上是一种商业认证，同时也是一种无线联网的技术。Wi-Fi 是一种符合 IEEE 802.11 系列协议标准，可以将移动笔记本电脑、手机和 PDA 等无线设备接入网络的一种无线网络技术。Wi-Fi 路由器是符合"无线相容性认证"和 IEEE 802.11 系列协议标准，通过无线电信号将 Wi-Fi 无线网络移动终端设备与无线网络或有线网络相连接的设备。比如在家里或公司，通过给 ADSL 或现有有线网络加一个 Wi-Fi 路由器，就可以实现带有 Wi-Fi 功能的笔记本电脑、手机等设备的无线上网，俗称为"无线路由器"。

3.1.2.5 Wi-Fi 路由器的分类

Wi-Fi 路由器分为家用型和商用型，家用的体积较小，功耗低、容易配置和价格也较便宜，适合家庭使用；商用型一般集成的功能较多，方便进行网络管理。

Wi-Fi 路由器按功率分为低功耗型和大功率型，功率较大的通常用在室外。

Wi-Fi 路由器按的功能分为胖型和瘦型，胖型适合单独或小规模使用，瘦型便于统一集中管理适合批量大规模使用。

3.1.2.6 Wi-Fi 无线路由器实例

在这里以一款 TP-LINK 的 Wi-Fi 无线路由器 TL-WR702N 进行讲解，150M 迷你型无线路由器 TL-WR702N，11N 无线技术、150Mbit/s 无线速率 USB 供电，方便通用良好兼容智能手机、平板电脑、笔记本/上网本等设备支持 AP（无线接入点）、Client（无线客户端）、Repeater（无线中继）、Bridge（无线桥接）和 Router（无线路由）5 种工作模式提供 1 个 LAN/WAN 有线接口，无线路由模式下可自动切换为 WAN 口，如图 3-1 所示。

图 3-1　无线路由器实例

3.1.3　任务实施

3.1.3.1 AP 模式的配置

TL-WR702N 出厂默认为 AP 模式，支持即插即用，无需配置即可使用。有线接口连接局域网，无线客户端（如笔记本电脑、Wi-Fi 手机等）连接上 TL-WR702N 即可连接上局域网。由于 TL-WR702N 无线网络默认并未设置无线安全，非法用户可以随意连接，建议对 TL-WR702N 进行一些必要的配置。具体配置可以按照如下步骤进行。

1．复位

将 TL-WR702N Wi-Fi 无线路由器设备连接电源，用尖状物按住〈Reset〉键 5s，系统状态指示灯快速闪烁 3 次后松开，路由器即恢复出厂设置。

TL-WR702N Wi-Fi 无线路由器指示灯常亮时为系统正常，指示灯闪烁时为 LAN/WAN 接口网线已连接，快速闪烁为 Wi-Fi 路由器进入复位状态。

2．连接

用网线将计算机连接至 TL-WR702N。由于 TL-WR702N 在 AP 模式下默认不开启 DHCP 服务器，不能为计算机自动分配 IP 地址，所以需要配置计算机网络连接的 IP 地址，才能登录路由器的管理界面。将计算机网络连接 IP 地址设置为 192.168.1.X（1≤X≤252），子网掩码设置为：255.255.255.0，如图 3-2 所示。

设置完成之后，单击"确定"生效。TL-WR702N 默认管理 IP 地址"192.168.1.253"。

然后用网线连接计算机和 Wi-Fi 路由器，待 Wi-Fi 路由器指示灯正常闪烁后，在计算机 IE 浏览器地址栏里输入 192.168.1.253 并按〈Enter〉键，会出现图 3-3 所示页面。

3．登录

无线路由器登录页面如图 3-3、图 3-4 所示。登录 TP-LINK 无线接入点上的服务器

192.168.1.253 需要用户名和密码。初始用户名为：admin，初始密码为：admin，建议登录后更改用户名和密码，否则所有可以访问这台路由器的人都有可能通过初始密码登录这个路由器，控制这台设备的所有连接。

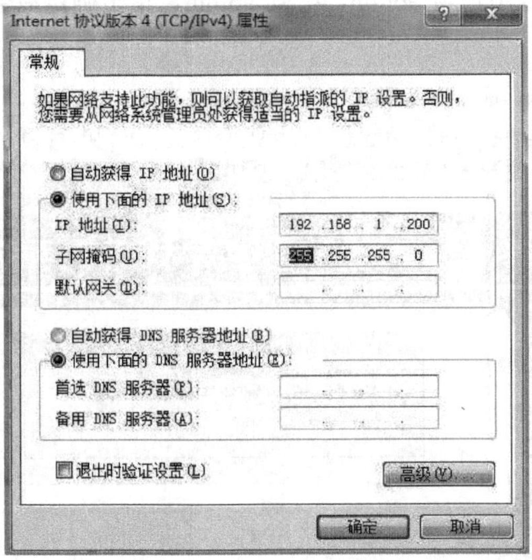

图 3-2 计算机 IP 地址设置页面

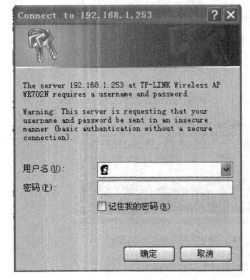

图 3-3 无线路由器登录页面

图 3-4 输入账号和密码

如果单击"记住我的密码"前的小方框进行选择，下次登录时将不再需要输入用户名和密码。不推荐，因为这样别人也可以登录你的路由器，而无须输入用户名和密码。

警告：一个不安全的方式发送用户名和密码（基本认证没有安全的连接）。出现这个警告的原因是，现在所输入的用户名和密码在网络中传送的方式是非加密传送，也就是明文传送。如果有人在监听用户的连接，将会看到用户的用户名和密码。但是设置的时候通常是直接通过一条网线连接到路由器的，这个时候只要确认没有人把他的网络监听设备连到用户的计算机、网线和路由器上，用户的计算机上没有木马或没有运行键盘记录程序，那么还是可以认为是安全的。所以不要因为这个警告而放弃了 Wi-Fi 的使用，大胆的输入用户名和密码开始 Wi-Fi 之旅吧！

如图 3-4 所示，输入用户名 admin，密码 admin，单击确定后会出现图 3-5 所示的路由器管理设置页面。

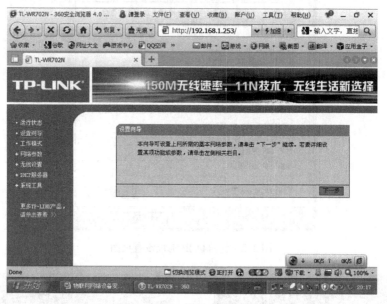

图 3-5　路由器管理设置页面

4. 设置向导

本向导可设置上网所需的基本网络参数，单击下一步会看到图 3-6 所示页面。

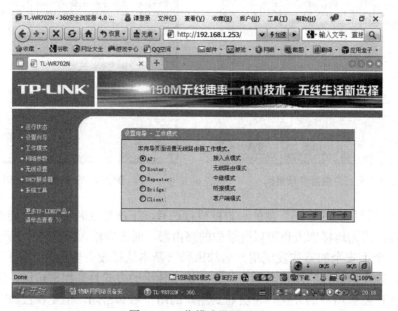

图 3-6　工作模式设置页面

5．设置工作模式

本向导页面设置无线路由器工作模式。

AP：接入点模式。Router：无线路由模式。Repeater:中继模式。Bridge：桥接模式。Client：客户端模式。这里选择 AP 接入点模式直接单击"下一步"，出现图 3-7 所示页面。

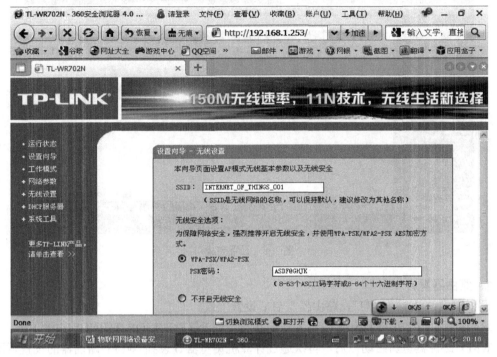

图 3-7　无线设置页面

6．无线设置

本向导页面设置 AP 模式无线基本参数以及无线安全。

SSID：INTERNET_OF_THINGS_001　显示的是当前 Wi-Fi 路由器默认的 SSID，即服务集认证选项卡，SSID 是无线网络的名称，可以保持默认，建议修改为其他名称。

无线安全选项：为保障网络安全强烈推荐开启无线安全，并使用 WPA-PSK AES 加密方式。

当设置完毕并且启动 Wi-Fi 服务以后，Wi-Fi 路由器会将 SSID 进行无线广播，用户可以用带有 Wi-Fi 功能的笔记本电脑、手机等设备在有效范围内可以搜索到这个 SSID，可以在移动设备上发起连接，若 Wi-Fi 路由器上设置了服务密码，发起连接后会提示输入密码，输入的密码如果与 Wi-Fi 路由器内设置的服务密码一致就可以建立连接并访问网络。

如果选择了不开启无线安全，Wi-Fi 移动终端搜索到的 SSID 将显示为未设置安全机制的无线网络。Wi-Fi 移动设备终端发起 Wi-Fi 连接时，Wi-Fi 路由器将不提示输入密码而直接与 Wi-Fi 终端建立连接，这种方式通常在公共场所为了方便顾客而使用。

这里设置 SSID 为 INTENET_ OF_ THINGS_001，设置密码为 ASDF@GHJK，直接单击"下一步"按钮，将会显示图 3-8 所示页面。

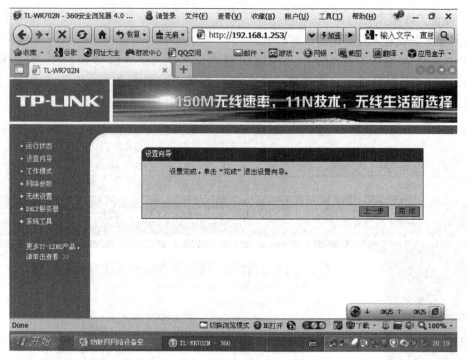

图 3-8　设置完成

7. 路由器重启

设置完成，单击"重启"，路由器重启后设置生效。

这时就可以用 Wi-Fi 移动无线设备搜索并连接到 INTENET_OF_THINGS_001 了。

Wi-Fi 路由器重新启动以后，再次通过计算机浏览器登录到 Wi-Fi 路由器的设置页面，会看到当前运行状态。

3.1.3.2　Router 模式的配置

下面以 TL-WR700N 为例学习 Router 模式的配置。

Router 模式下，TL-WR700N 就相当于一台无线路由器，有线口作为 WAN 口，无线用作 LAN，所有的无线客户端可以实现共享一条宽带线路上网。Router 模式典型应用结构如图 3-9 所示。

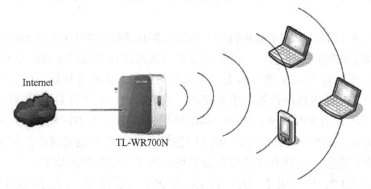

图 3-9　Router 模式典型应用结构

下面介绍 TL-WR700N Router 模式下的快速设置方法。

1. PC 的网络参数设置

注意：TL-WR700N 只有一个有线接口，该接口用网线连接至前端设备并将作为 WAN
口。计算机不能通过连接 WAN 口登录路由器的管理界面，所以需要无线连接到该无线路由
器进行配置。也可以先将该接口作为 LAN 口连接到计算机进行设置，设置完毕以后再将该
接口连接到前端设备作为 WAN 口使用。

TL-WR700N 默认不开启 DHCP 服务器，不能为计算机自动分配 IP 地址，所以需要配
置计算机无线网络连接的 IP 地址，才能登录路由器的管理界面。将计算机无线网络连接 IP
地址设置为 192.168.1.X（$1 \leqslant X \leqslant 252$），子网掩码设置为：255.255.255.0，如图 3-10 所示。
设置完成之后，单击"确定"生效。TL-WR700N 默认管理 IP 地址"192.168.1.253"。

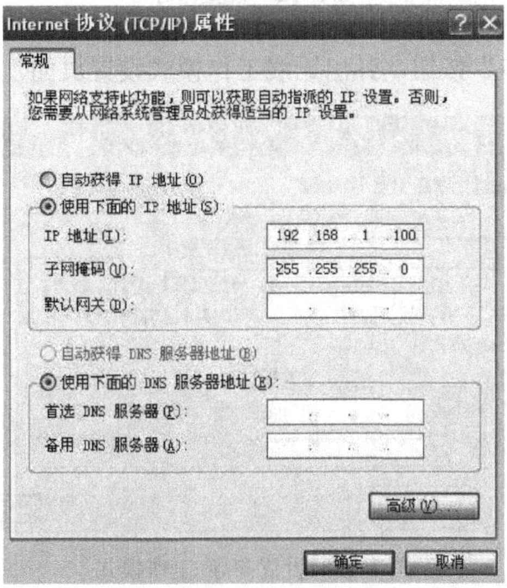

图 3-10　PC 网络参数设置

计算机有线或无线连接到 TL-WR700N（以 Windows XP 系统无线连接到 TL-WR700N 为
例），TL-WR700N 出厂默认工作在 AP 模式，默认 SSID 是：TP-LINK_PocketAP_FFFFFE
（"FFFFFE"是 TL-WR700N 无线 MAC 地址后六位），且并未设置无线安全。计算机扫描环境中
的无线网络，选中 TL-WR700N 的无线 SSID，并单击"连接"，连接上之后，如图 3-11 所示。

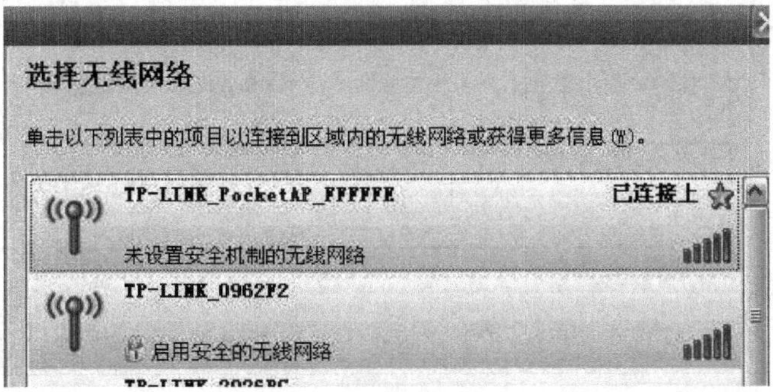

图 3-11　计算机选择并连接无线网络

2. TL-WR700N 的设置

步骤 1：在浏览器中输入"192.168.1.253"后按〈Enter〉键，出现登录页面，输入登录用户名及密码均为 admin，打开 TL-WR700N 的管理界面，自动弹出"设置向导"（也可以单击管理界面菜单"设置向导"），如图 3-12 所示。

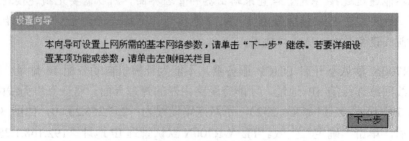

图 3-12　设置向导

步骤 2：单击"下一步"按钮，弹出无线工作模式设置页面，如图 3-13 所示。

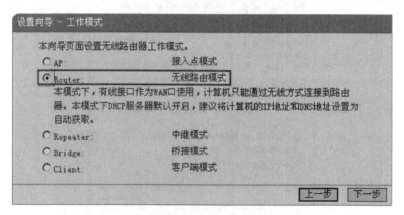

图 3-13　设置向导-工作模式

步骤 3：选择"Router"，单击"下一步"按钮，弹出无线设置页面，如图 3-14 所示。

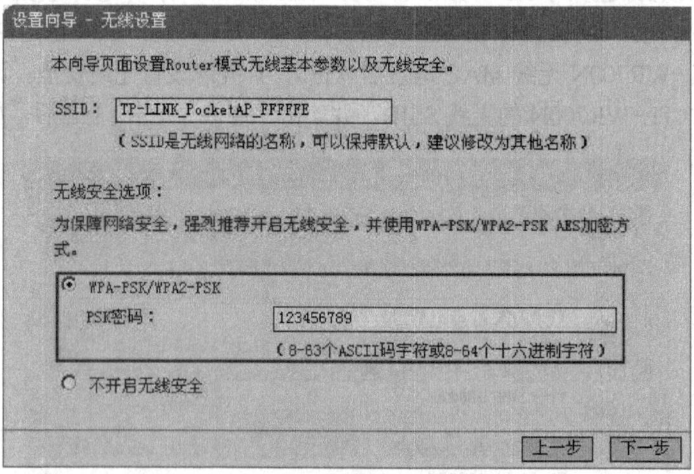

图 3-14　设置向导-无线设置

设置 TL-WR700N 的 SSID（即无线网络名称）。推荐选择"WPA-PSK/WPA2-PSK"并设置 PSK 密码（本例为 123456789）。

步骤 4：单击"下一步"按钮，弹出上网方式选择页面。选择用户的宽带上网方式（此处以 PPPoE 拨号为例），选择"PPPoE（ADSL 虚拟拨号）"，如图 3-15 所示。

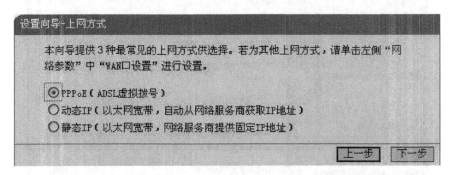

图 3-15　设置向导-上网方式

步骤 5：单击"下一步"按钮，弹出上网账号及上网口令输入框，如图 3-16 所示。

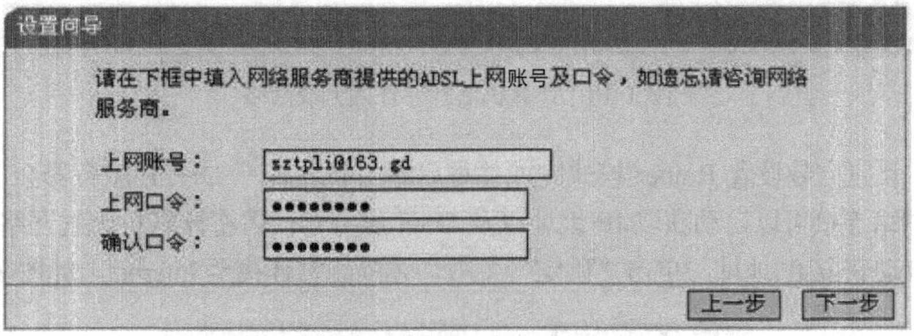

图 3-16　设置向导-ADSL 账号及密码

步骤 6：输入为用户安装宽带的运营服务商提供的宽带"上网账号"及"上网口令"。单击"下一步"按钮，提示设备需要重新启动，如图 3-17 所示。

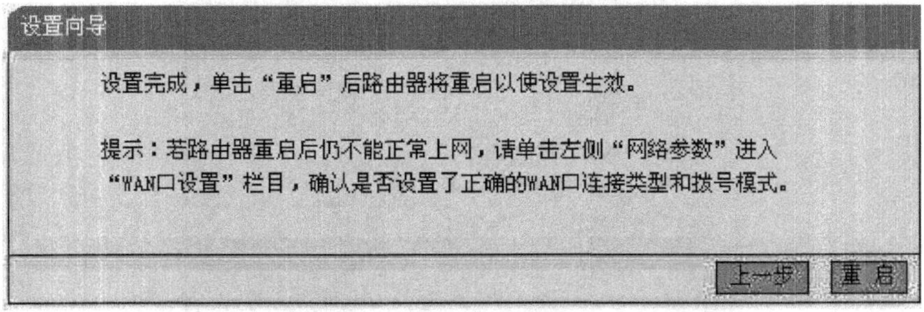

图 3-17　设置向导-设置完成

单击"重启"，路由器自动重新启动，设置完成。

步骤 7：重启完成，此时 TL-WR700N 的无线网络已经设置了无线安全，计算机的无线网络连接会自动断开，需要重新连接 TL-WR700N 的无线网络（本例中 SSID 为 TP-

43

LINK_PocketAP_FFFFFE），连接过程中需要输入 TL-WR700N 的无线 PSK 密码（本例为123456789），连接上之后，如图 3-18 所示。

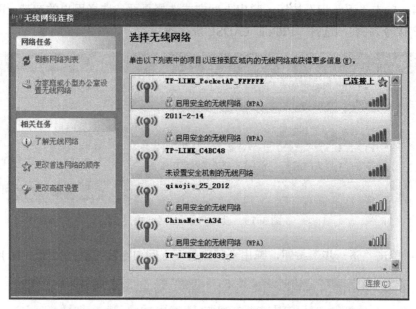

图 3-18　计算机选择并连接无线网络

步骤 8：设置向导设置 Router 模式完成并重启路由器之后， DHCP 服务器会自动开启，计算机的无线网络连接可以自动获取 IP 地址以及 DNS 服务器。请将计算机无线网络连接 IP 地址重新设置为自动获取 IP 地址，单击"确定"生效，才能正常连接至 Internet，如图 3-19 所示。

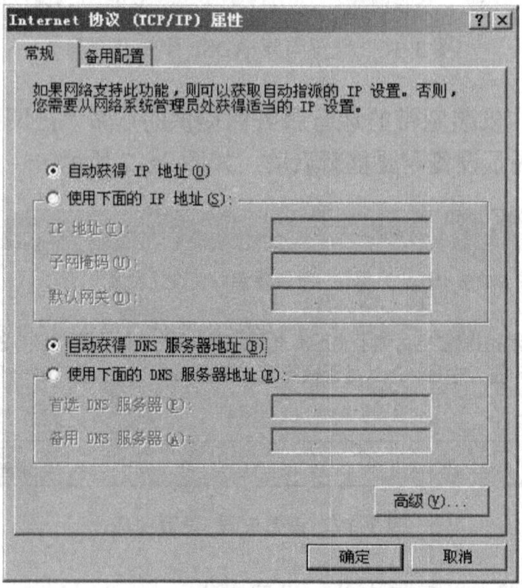

图 3-19　计算机自动获取 IP 地址

步骤 9：重新无线连接到 TL-WR700N，进入路由器管理界面，单击菜单"运行状态"，查看"WAN 口状态",如图 3-20 所示。

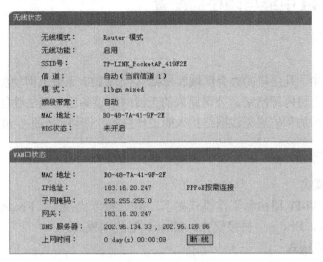

图 3-20　WAN 口状态

若在"WAN 口状态"查看到路由器已经获取到的 IP 及 DNS 服务器地址,说明 PPPoE 拨号成功,如图 3-20 所示。

至此 TL-WR700N 的 Router 模式已经配置完成,并且成功连接至互联网,无线网络也已经设置 WPA-PSK/WPA2-PSK 的无线安全。计算机已经可以无线连接路由器上网了,其他计算机只需连接上 TL-WR700N 即可正常上网。

3.1.4　任务评价

AP 模式与路由模式的配置任务评价表如表 3-1 所示。

表 3-1　AP 模式与路由模式的配置任务评价表

项目 3　组建 Wi-Fi 无线局域网 任务评价表					
任务名称			任务 3.1　AP 模式与路由模式的配置		
班　　级			小　　组		
评价要点	评价内容		分　值	得分	备注
基础知识 (20 分)	是否明确工作任务、目标		5		
	什么是 Wi-Fi 及路由模式的设置方法		5		
	Wi-Fi 的基本原理		10		
任务实施 (60 分)	Wi-Fi 路由器的基本配置方法		20		
	AP 模式的基本配置方法		20		
	路由模式的配置方法		20		
操作规范 (20 分)	遵守机房工作和管理制度		5		
	各小组固定位置,按任务顺序展开工作		5		
	按规范使用操作,防止损坏实验设备		5		
	保持环境卫生,不乱扔废弃物		5		
合　　计					

任务 3.2　Wi-Fi 中继与网桥的配置

3.2.1　任务描述

小张公司新增加了几层楼的办公区域和一批具有 Wi-Fi 无线上网功能的笔记本电脑，需要移动办公并连入公司内部网络。公司原来的无线网络设备已经无法胜任，需要使用新 Wi-Fi 路由器完成公司增加和扩展无线网络接入的工作任务，请协助小张完成此项工作。

3.2.2　必要知识准备

3.2.2.1　工作模式

TL-WR700N Wi-Fi 路由器工作模式如下。AP：接入点模式。Router：无线路由模式。Repeater：中继模式。Bridge：桥接模式。Client：客户端模式。

1．AP：接入点模式

如图 3-21 所示，AP 模式作为有线局域网的补充，实现有线局域网的无线接入功能。此 Wi-Fi 无线路由器默认为 AP 模式，此模式无需进行任何设置，将此 Wi-Fi 无线路由器插入电源并连好网线，然后将带有 Wi-Fi 功能的笔记本电脑、手机和平板电脑通过无线方式连接到此 Wi-Fi 无线路由器即可上网。

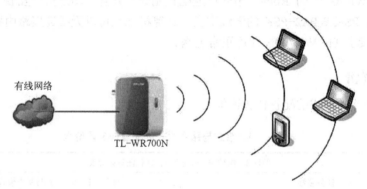

图 3-21　AP 模式典型应用结构图

本模式下，有线接口作为 LAN 口使用，计算机可以通过有线或无线方式连接至此 Wi-Fi 无线路由器。为避免和前端网络设备 DHCP 冲突，本模式下 Wi-Fi 无线路由器的 DHCP 服务器默认关闭，如果要登录它的管理页面，需要手动设置计算机的 IP 地址。

此模式适用于酒店、学校宿舍等。

注意：大多数情况下，酒店、学校宿舍的网络都是采用动态分配 IP 地址，此时计算机、Wi-Fi 手机、平板电脑只需将 IP 地址和 DNS 地址设置为自动获取即可。少数情况下需要将计算机、Wi-Fi 手机、平板电脑的 IP 地址和 DNS 设置为网络管理员指定的地址，具体请咨询网络管理员。

2．Router：无线路由模式

Router 模式下，TL-WR700N 就相当于一台无线路由器，有线口作为 WAN 口，无线作为 LAN，所有的无线客户端可以实现共享一条宽带线路上网。Router 典型应用结构如图 3-22 所示。

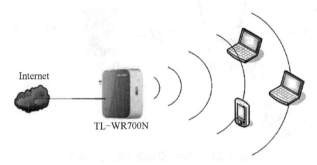

图 3-22　Router 模式典型应用结构图

TL-WR702 是一台无线路由器，其有线接口是作为 WAN 口使用，可以用网线连接到 ADSL Modem。计算机通过无线方式连接到 TL-WR702N 即可共享上网。

3．Repeater：中继模式

Repeater 模式利用设备的无线接力功能，实现无线信号的中继和放大，并形成新的无线覆盖区域，最终达到延伸无线网络的覆盖范围的目的。Router 模式典型应用结构图如图 3-23 所示。

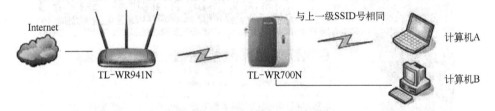

图 3-23　Repeater 模式典型应用结构图

4．Bridge：桥接模式

Bridge 模式利用设备的桥接功能，首先使 TL-WR700N 与前端无线网络建立无线连接，然后自身发出无线信号，形成新的无线覆盖范围，可以有效地解决信号弱及信号盲点等无线覆盖问题，如图 3-24 所示。

图 3-24　Bridge 模式典型应用结构图

5．Client：客户端模式

TL-WR700N 的 Client 客户端模式，也称为"主从模式"。在此模式下工作的 AP 对于主

AP 来说是无线客户端，相当于无线网卡。Client 模式典型应用结构如图 3-25 所示。

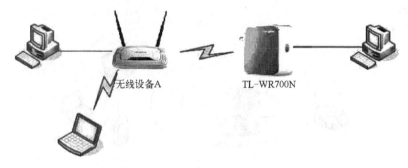

图 3-25　Client 模式典型应用结构图

3.2.2.2　管理页面

1. 运行状态

图 3-26 显示的页面也是当用户选择运行状态时可以看到的页面。

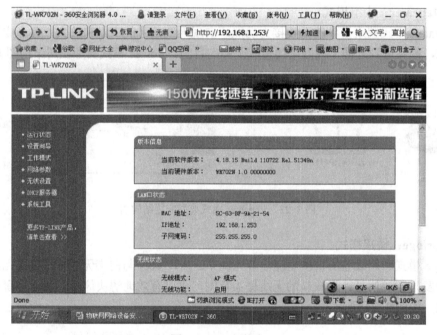

图 3-26　运行状态

运行状态

版本信息如下。

　　当前软件版本：4.18.15 Build 110722 Rel.51349n

　　当前硬件版本：WR702N 1.0 00000000

LAN 口的状态如下。

　　MAC 地址：5C-63-BF-9A-21-54（此地址每台设备显示的都不相同）

　　IP 地址：192.168.1.253

　　子网掩码：255.255.255.0

无线状态如下。

　　　　无线模式：AP 模式

　　　　无线功能：启用

　　　　SSID 号：INTERNET_OF_THINGS_001

　　　　信道：自动

　　　　模式：11bgn mixed

　　　　频段带宽：自动

　　　　MAC 地址：xx-xx-xx-xx-xx-xx（此地址每台设备显示的都不相同）

　　　　WDS 状态：未开启

　　　　底部显示的是从上次重启到现在的时间计数。

➢ 什么是 WDS 呢？

　　WDS 全名为 Wireless Distribution System，即无线分布式系统。以往在无线应用领域中 WDS 都是帮助无线基站与无线基站之间进行联系通信的系统。

　　在家庭应用方面则略有不同，WDS 的功能是充当无线网络的中继器，通过在无线路由器上开启 WDS 功能，让其可以延伸扩展无线信号，从而覆盖更广更大的范围。换句话说，WDS 就是可以让无线 AP 或者无线路由器之间通过无线进行桥接（中继），而在中继的过程中并不影响其无线设备覆盖效果的功能。这样就可以用两个无线设备，让它们之间建立 WDS 信任和通信关系，从而将无线网络覆盖范围扩展到原来的一倍以上，大大方便了无线上网。

2．设置向导

图 3-27 所示设置向导前面已经讲解，这里不再赘述。

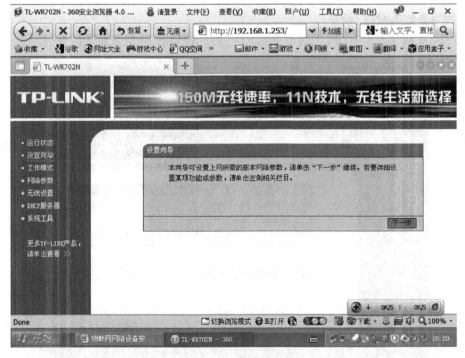

图 3-27　设置向导

3．工作模式

TL-WR700N Wi-Fi 路由器工作模式如下。AP：接入点模式。Router：无线路由模式。Repeater：中继模式。Bridge：桥接模式。Client：客户端模式。图 3-28 所示工作模式选择前面已经做了详细的说明。

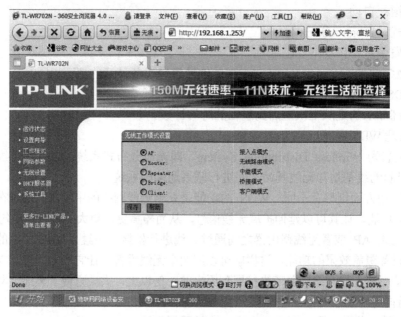

图 3-28　工作模式设置

4．网络参数/LAN 口设置

图 3-29 所示设置此 Wi-Fi 无线路由器 RJ45 网线接口的 IP 地址及子网掩码。

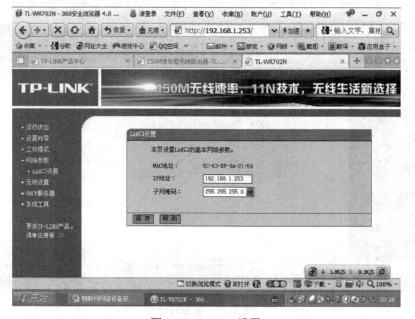

图 3-29　LAN 口设置

5．无线设置/基本设置

图 3-30 所示 SSID、信道和 WDS 的概念在前面已经进行了讲解。

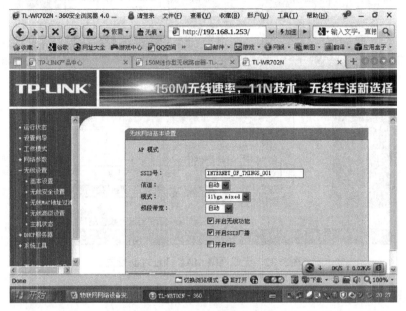

图 3-30　无线网络基本设置

● **无线设置/无线安全设置**

图 3-31 所示无线网络安全设置在前面已经进行了讲解。

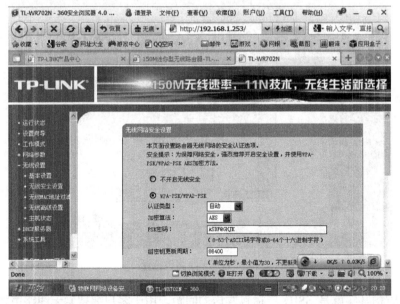

图 3-31　无线网络安全设置

● **无线设置/无线 MAC 地址过滤**

图 3-32 所示可以添加 MAC 地址列表，并设置禁止还是允许 MAC 地址所对应的主机访问本网络。

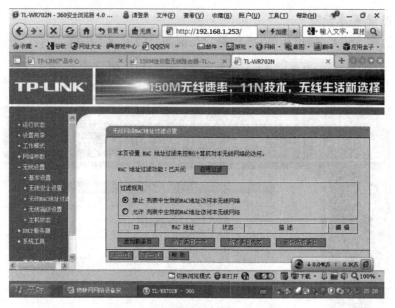

图 3-32　无线网络 MAC 地址过滤设置

● 无线设置/无线高级设置

如图 3-33 所示，在这里可以调传输功率，即 Wi-Fi 无线电信号的发射功率。

图 3-33　无线高级设置

Beacon 时槽其实就是 SSID 广播包发送的间距，用于客户端搜索无线路由之用，连接后还能检测路由器是否在线的设置。

RTS 时槽是专门用来保障客户端与路由器同步的间距分片，就是专门控制无线数据包的大小。

DTIM 是传输指示消息间距设置。

WMM 就是使路由器可以处理带有优先级信息的数据包，勾上后，使用无线浏览视频会顺畅得多。（不会经常出现缓冲情况）

6. 主机状态

如图 3-34 所示，在这里可以看到所有连接到本无线网络主机的基本信息。

图 3-34　无线网络主机状态

7. DHCP 服务器/DHCP 服务

如图 3-35 所示，本路由器内建的 DHCP（动态主机配置协议）服务器能自动配置局域网中各计算机的 TCP/IP 协议。

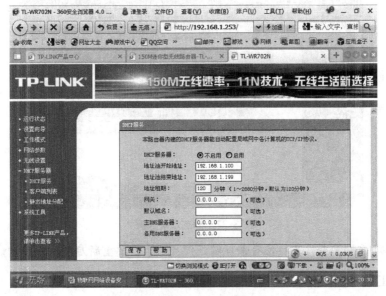

图 3-35　DHCP 服务

● **DHCP 服务器/客户端列表**

如图 3-36 所示，DHCP 服务器的客户端列表，即已经在此内置的 DHCP 服务器上动态申请到 IP 地址的主机列表。

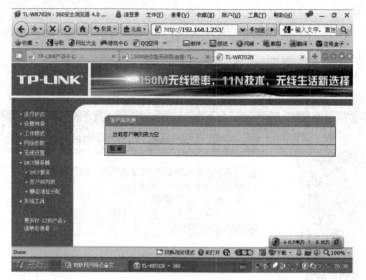

图 3-36　客户端列表

● **DHCP 服务器/静态地址分配**

如图 3-37 所示，本页设置 DHCP 服务器的静态地址分配功能，为指定 MAC 地址的主机预留 IP 地址，不再分配给其他主机。

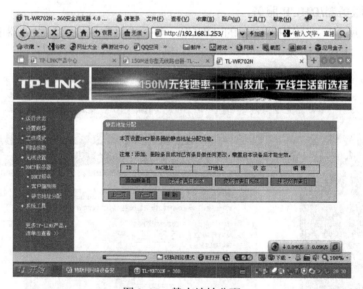

图 3-37　静态地址分配

注意：添加、删除条目或对已有条目做任何更改，需要重新启动设备后才能生效。

8．系统工具/诊断工具

如图 3-38 所示，在本页可以使用 Ping 或者 Tracert，诊断路由器的连接状态。

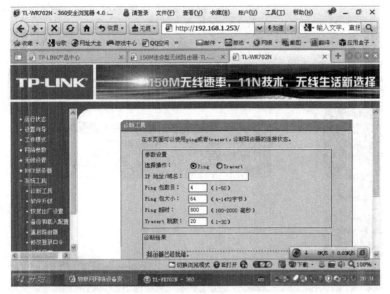

图 3-38　诊断工具

● **系统工具/软件升级**

如图 3-39 所示，通过升级本路由器的软件将获得新的功能。

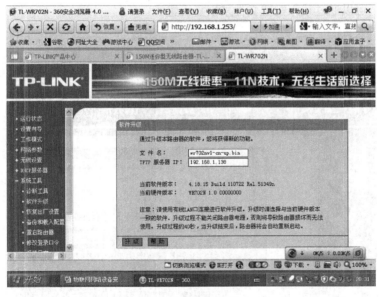

图 3-39　软件升级

注意：请使用有线 LAN 口连接进行软件升级。升级时请选择与当前硬件版本一致的软件。升级过程不能关闭路由器电源，否则将导致路由器损坏而无法使用。升级过程约 40s，当升级结束后，路由器将会自动重新启动。

9. 恢复出厂设置

如图 3-40 所示，单击恢复出厂设置按钮使路由器的所有设置恢复到出厂时的状态。

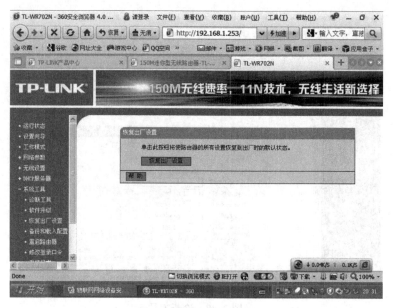

图 3-40　恢复出厂设置

10．系统工具/备份和载入配置

如图 3-41 所示，用户可以在这保存自己的设置。建议在修改配置及升级软件前备份自己的配置文件，可以通过载入配置文件来恢复设置。

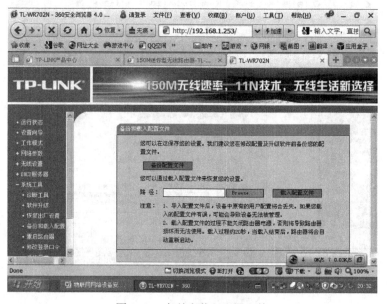

图 3-41　备份和载入配置文件

注意：1）导入配置文件后，设备中原有配置将会丢失。如果载入的配置文件有误，可能会导致设备无法被管理。

2）载入配置文件的过程不能关闭路由器电源，否则将导致路由器损坏而无法使用。载入过程约 20s，当载入结束后，路由器将会自动重新启动。

● 系统工具/重启路由器

如图 3-42 所示，部分项目配置完，需要保存并重新启动路由器才能生效。

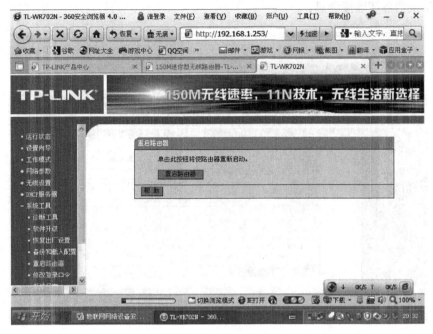

图 3-42　重启路由器

● 系统工具/修改登录口令

如图 3-43 所示，修改登录路由器管理页面时需要录入的系统管理员用户名和密码。

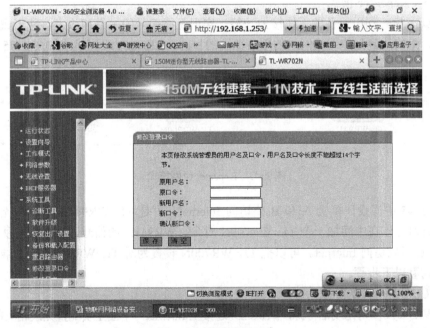

图 3-43　修改登录口令

● 系统工具/系统日志

如图 3-44 所示，系统日志记录了 Wi-Fi 路由器从上次重启以来所发生的动作和事件，其中包括错误信息和连接信息。

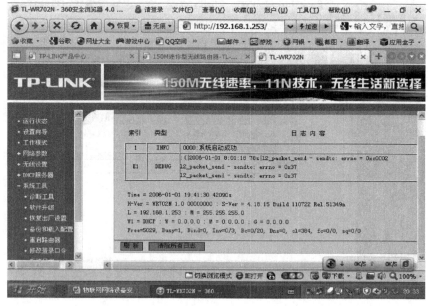

图 3-44　系统日志

3.2.3　任务实施

3.2.3.1　Repeater 模式

Repeater 模式利用设备的无线接力功能，实现无线信号的中继和放大，并形成新的无线覆盖区域，最终达到延伸无线网络的覆盖范围的目的。Repeater 组网模式如图 3-45 所示。

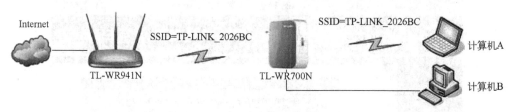

图 3-45　Repeater 组网模式

在图 3-45 中假设计算机 A 和 B 要访问 Internet，可是 TL-WR941N 的信号无法到达计算机 A，此时可以在中间加一个 TL-WR700N 对 TL-WR941N 的信号进行中继，从而实现计算机 A 和 B 可以访问 Internet。可以把 TL-WR700N 设置为对 TL-WR941N 的中继，具体配置过程，请看以下步骤。

1. TL-WR941N 的配置

TL-WR941N 作为无线信号源，默认已经连接上 Internet，下面主要配置无线相关的参数。

如果此设备已经正常连接 Internet 并正常工作在 AP 或路由模式，用户只需要知道它的

SSID 和无线密码就可以了。

　　SSID：即无线网络的名称，进入 TL-WR941N 管理界面（默认是 192.168.1.1）。单击"运行状态"，查看设备"无线状态"，记下无线网络的 SSID 号（本例为 TP-LINK_2026BC）以及无线状态的 MAC 地址（本例为 E0-05-C5-20-26-BC），如图 3-46 所示。

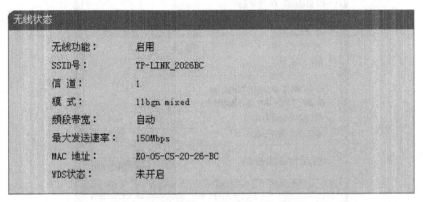

图 3-46　无线状态

　　无线加密：即 TL-WR941N 的无线加密方式，目前主流的加密方式是"WPA-PSK/WPA2 -PSK"，加密算法建议选择"AES"，单击"无线设置"→"无线安全设置"，查看 PSK 密码（本例为：12345678），如图 3-47 所示。

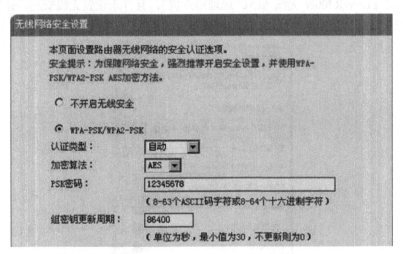

图 3-47　无线网络安全设置

2．TL-WR700N 的配置

　　步骤 1：TL-WR700NAP 模式下默认不开启 DHCP 服务器，不能为计算机自动分配 IP 地址，所以还需要配置计算机无线网络连接的 IP 地址，才能登录路由器的管理界面。将计算机无线网络连接 IP 地址设置为 192.168.1.X（1 ≤ X ≤ 252），子网掩码设置为：255.255.255.0，如图 3-48 所示。设置完成之后，单击"确定"生效。TL-WR700N 默认管理 IP 地址"192.168.1.253"。

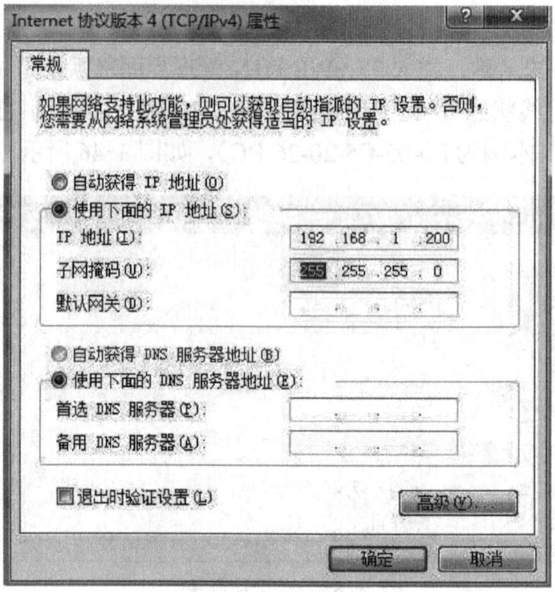

图 3-48　计算机 IP 地址设置

计算机有线或无线连接到 TL-WR700N（以 Windows 7 系统无线连接到 TL-WR700N 为例），TL-WR700N 出厂默认工作在 AP 模式，默认 SSID 是：TP-LINK_PocketAP_419F2E（"419F2E"是 TL-WR700N 无线 MAC 地址后六位），且并未设置无线安全。计算机 A 扫描无线网络，选中 TL-WR700N 的无线 SSID，并单击"连接"，连接上之后，如图 3-49 所示。

图 3-49　计算机无线网络连接

步骤 2：在浏览器中输入"192.168.1.253"，输入登录用户名及密码 admin/admin，打开 TL-WR700N 的管理界面，自动弹出"设置向导"（也可以单击管理界面菜单"设置向导"），如图 3-50 所示。

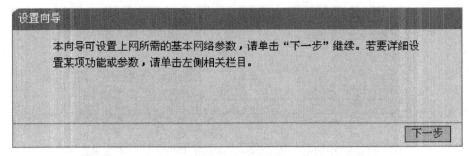

图 3-50　设置向导

步骤 3：单击"下一步"按钮开始设置，弹出无线工作模式设置页面，如图 3-51 所示。

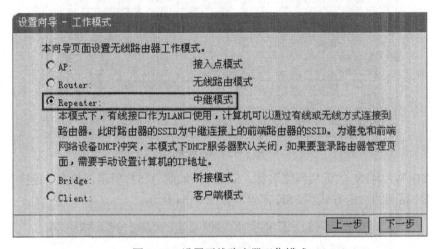

图 3-51　设置无线路由器工作模式

步骤 4：选择"Repeater"，单击"下一步"按钮，弹出无线设置页面，如图 3-52 所示。

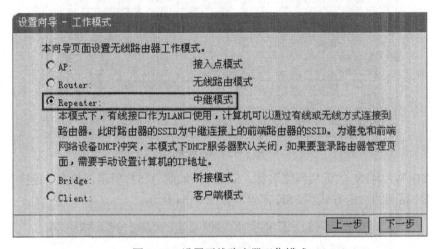

图 3-52　Repeater 模式基本参数设置

单击"扫描"按钮，扫描无线网络，扫描结果如图 3-53 所示。

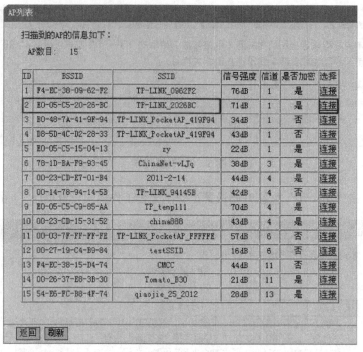

图 3-53　AP 列表

找到 TL-WR941N 的无线网络名称（SSID），如图 3-53 所示，单击"连接"并设置与 TL-WR941N 相同的加密方式和 PSK 密码，如图 3-54 所示。

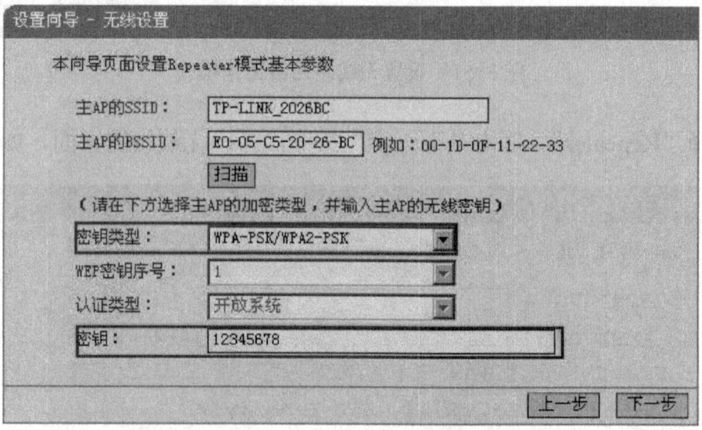

图 3-54　设置无线登录密码

步骤 5：单击"下一步"按钮，设置向导提示需要重新启动，如图 3-55 所示。

图 3-55　重启路由器

单击"重启"按钮，路由器自动重新启动，设置完成。

步骤 6：设置完成，计算机的无线网络连接会自动断开，此时 TL-WR700N 是对 TL-WR941N 的中继放大，计算机搜索到 TL-WR700N 的 SSID 是 TP-LINK_2026BC，而不再是 TP-LINK_PocketAP_419F2E。并且该网络设置了 WPA-PSK/WPA2-PSK 无线安全。此时需重新连接到 TL-WR700N，连接过程中需要输入 TL-WR700N 的无线 PSK 密码（本例为12345678），连接上之后，如图 3-56 所示。

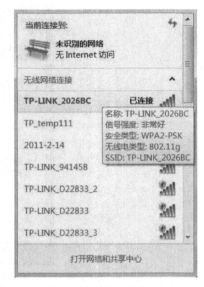

图 3-56　无线网络连接

注意：中继成功之后，TL-WR700N 发出的无线信号与主路由的信号 SSID 及加密方式是相同的，也就是说此时环境中有两个相同无线信号。不过 Windows 操作系统的无线配置软件搜索信号时（图 3-56 所示是 Windows 7 系统的无线配置软件），不论相同的无线信号有多少个，只会显示信号最强的那个。所以，若主路由器距离计算机较远，而 TL-WR700N 距离较近（一般此种情况下，TL-WR700N 的信号要强于前端主路由器）。此时直接连接该信号即可连接到 TL-WR700N。

步骤 7：重新连接上 TL-WR700N 之后，在计算机上使用 ping 命令检测 Repeater 模式下 TL-WR700N 与 TL-WR941N 的连通性。计算机上 pingTL-WR941N 的管理 IP 地址（本例为：192.168.1.1）。

如果能 ping 通（如图 3-57 所示），说明中继成功。若不能 ping 通，请重新检查配置，特别是无线加密方式及 PSK 密钥是否输入正确。

图 3-57　ping 命令的执行结果

步骤 8：配置完成之后，请将无线网络连接 IP 地址重新设置成原有的配置（一般是自动获取 IP 地址），单击"确定"按钮生效，才能正常连接至 Internet，如图 3-58 所示。

注意：TL-WR700N 默认管理 IP 地址"192.168.1.253"，为防止出现 IP 地址冲突的情况，必须将 TL-WR700N 的 LAN 口 IP 地址设置为与有线局域网中所有设备都不相同的 IP 地址（一般情况下不需要修改）。可以在菜单"网络参数" → "LAN 口设置"，修改 IP 之后，单击"保存"按钮，路由器自动重启，如图 3-59 所示。

图 3-58　设置自动获取 IP 地址

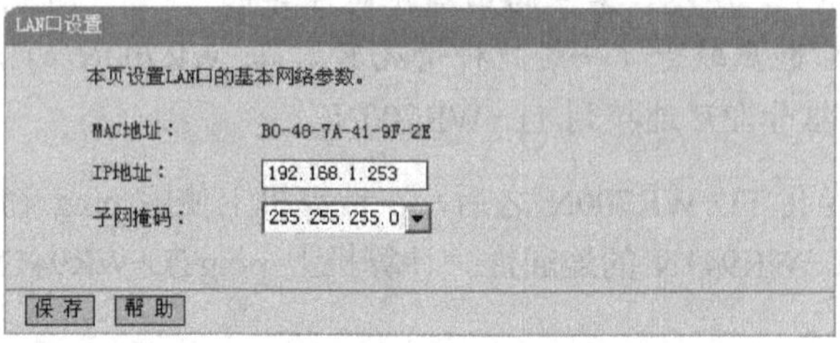

图 3-59　LAN 口设置

　　至此，TL-WR700N Repeater 模式配置完毕，此时 TL-WR700N 是对 TL-WR941N 的中继放大，所以计算机搜索到 TL-WR700N 发出无线 SSID 是 TP-LINK_2026BC，而不再是 TP-LINK_PocketAP_419F2E。

3.2.3.2　Bridge 模式

　　在无线网络成为家庭和中小企业组建网络的首选解决方案的同时，由于房屋基本上都是钢筋混凝土结构，并且格局复杂多样，环境对无线信号的衰减严重。使用单个无线 AP 进行无线网络覆盖会存在信号差，数据传输速率达不到用户需求，甚至存在信号盲点等问题。为了增加无线网络的覆盖范围，增加远距离无线传输速率，使较远处能够方便快捷地使用无线来上网冲浪，TP-LINK 无线路由器的桥接或 WDS 功能成为首选解决方案。

　　Bridge 模式利用设备的桥接功能，首先使 TL-WR700N 与前端无线网络建立无线连接，然后自身发出无线信号，形成新的无线覆盖范围，可以有效地解决信号弱及信号盲点等无线覆盖问题，如图 3-60 所示。

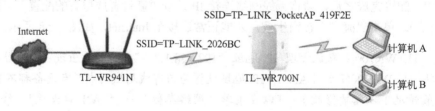

图 3-60　Bridge 模式

在图中假设计算机 A 和 B 要访问 Internet，可是 TL-WR941N 的信号无法到达计算机 A，此时用户可以在中间加一个 TL-WR700N 桥接 TL-WR941N，从而实现计算机 A 和 B 可以通过连接 TL-WR700N 访问 Internet。

配置思想：TL-WR941N 作为主无线路由器，TL-WR700N 设置 Bridge 模式桥接主无线路由器。步骤如下：

1. TL-WR941N 的配置

TL-WR941N 作为主无线路由器，默认已经连接上 Internet，下面主要配置无线相关的参数。

SSID 及信道：SSID 即无线网络的名称，进入 TL-WR941N 管理界面（默认是 192.168.1.1）。单击"运行状态"，查看设备"无线状态"，记下无线网络的 SSID 号（本例为 TP-LINK_2026BC）以及无线状态的 MAC 地址（本例为 E0-05-C5-20-26-BC），信道为 1，如图 3-61 所示。

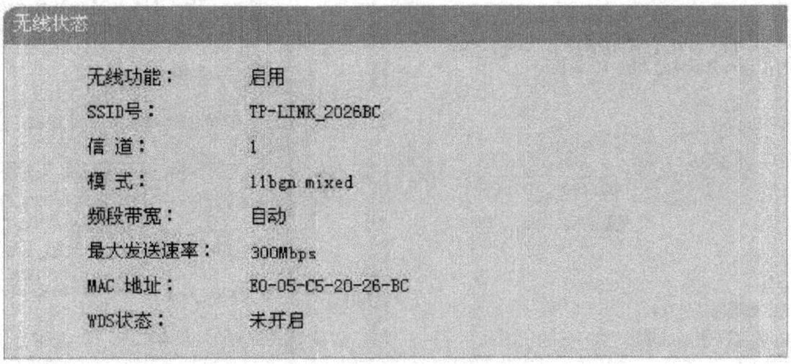

图 3-61　无线状态

无线加密：即 TL-WR941N 的无线加密方式，目前主流的加密方式是"WPA-PSK/WPA2-PSK"，加密算法建议选择"AES"，单击"无线设置"——"无线安全设置"，查看 PSK 密码（本例为：12345678），如图 3-62 所示。

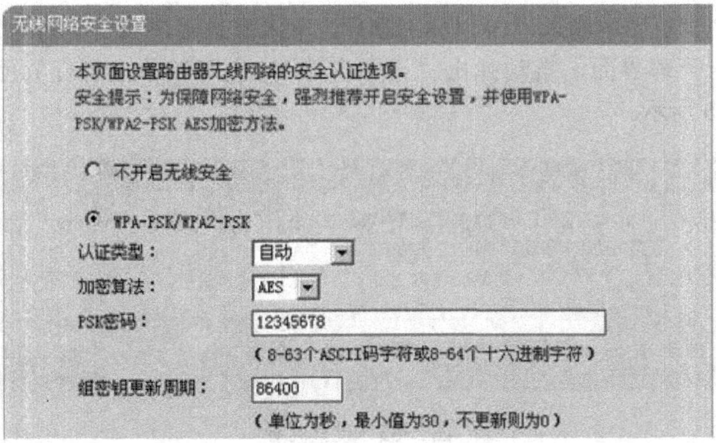

图 3-62　无线网络安全设置

2．TL-WR700N 的配置

步骤 1：TL-WR700N 默认不开启 DHCP 服务器，不能为计算机自动分配 IP 地址，所以还需要配置计算机无线网络连接的 IP 地址，才能登录路由器的管理界面。将计算机无线网络连接 IP 地址设置为 192.168.1.X（1≤X≤252），子网掩码设置为 255.255.255.0，如图 3-63 所示。设置完成之后，单击"确定"按钮生效。TL-WR700N 默认管理 IP 地址为"192.168.1.253"。

计算机有线或无线连接到 TL-WR700N（以 Windows 7 系统无线连接到 TL-WR700N 为例），TL-WR700N 出厂默认工作在 AP 模式，默认 SSID 是 TP-LINK_PocketAP_419F2E（"419F2E"是 TL-WR700N 无线 MAC 地址后 6 位），且并未设置无线安全。计算机 A 扫描环境中的无线网络，选中 TL-WR700N 的无线 SSID，并单击"连接"按钮，连接上之后，如图 3-64 所示。

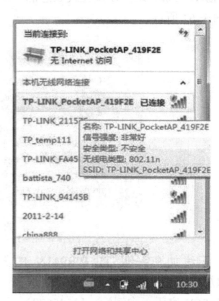

图 3-63　计算机 IP 地址设置　　　　　　图 3-64　无线网络连接

步骤 2：在浏览器中输入"192.168.1.253"，输入登录用户名及密码均为 admin，打开 TL-WR700N 的管理界面，自动弹出"设置向导"（也可以单击管理界面菜单"设置向导"），如图 3-65 所示。

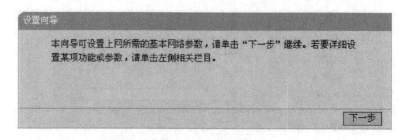

图 3-65　设置向导

步骤 3：单击"下一步"按钮开始设置，弹出无线工作模式设置页面，如图 3-66 所示。

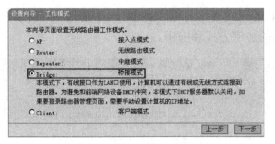

图 3-66　设置工作模式

步骤 4：选择“Bridge”，单击“下一步”按钮，弹出无线设置页面，如图 3-67 所示。

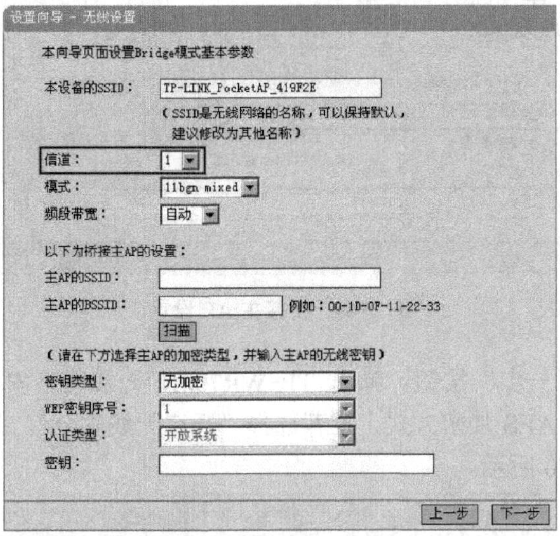

图 3-67　无线设置

信道设置为 1，单击“扫描”按钮，扫描环境中无线网络，扫描结果如图 3-68 所示。

AP列表

扫描到的AP的信息如下：

AP数目：15

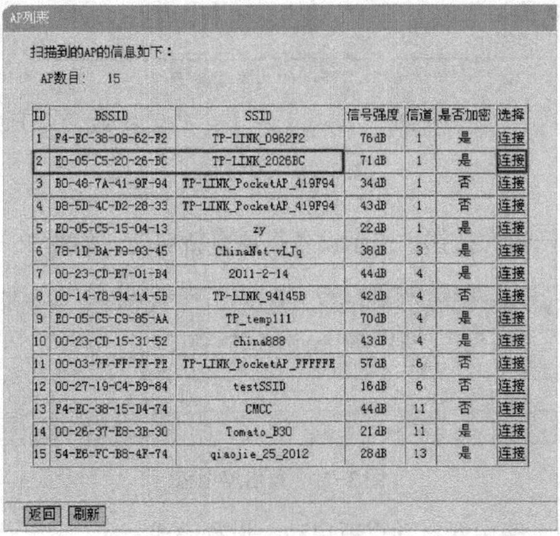

ID	BSSID	SSID	信号强度	信道	是否加密	选择
1	F4-EC-38-09-62-F2	TP-LINK_0962F2	76dB	1	是	连接
2	E0-05-C5-20-26-BC	TP-LINK_2026BC	71dB	1	是	连接
3	B0-48-7A-41-9F-94	TP-LINK_PocketAP_419F94	34dB	1	否	连接
4	D8-5D-4C-D2-28-33	TP-LINK_PocketAP_419F94	43dB	1	否	连接
5	E0-05-C5-15-04-13	zy	22dB	1	是	连接
6	78-1D-BA-F9-93-45	ChinaNet-vLJq	38dB	3	是	连接
7	00-23-CD-E7-01-B4	2011-2-14	44dB	4	是	连接
8	00-14-78-94-14-5B	TP-LINK_94145B	42dB	4	否	连接
9	E0-05-C5-C9-85-AA	TP_temp111	70dB	4	是	连接
10	00-23-CD-15-31-52	china888	43dB	4	是	连接
11	00-03-7F-FF-FF-FE	TP-LINK_PocketAP_FFFFFE	57dB	6	否	连接
12	00-27-19-C4-B9-84	testSSID	16dB	6	否	连接
13	F4-EC-38-15-D4-74	CMCC	44dB	11	否	连接
14	00-26-37-E8-3B-30	Tomato_B30	21dB	11	是	连接
15	54-E6-FC-B8-4F-74	qiaojie_25_2012	28dB	13	是	连接

返回　刷新

图 3-68　扫描结果

找到 TL-WR941N 的无线网络名称（SSID），如图 3-69 所示，单击"连接"按钮并设置与 TL-WR941N 相同的加密方式和密钥。

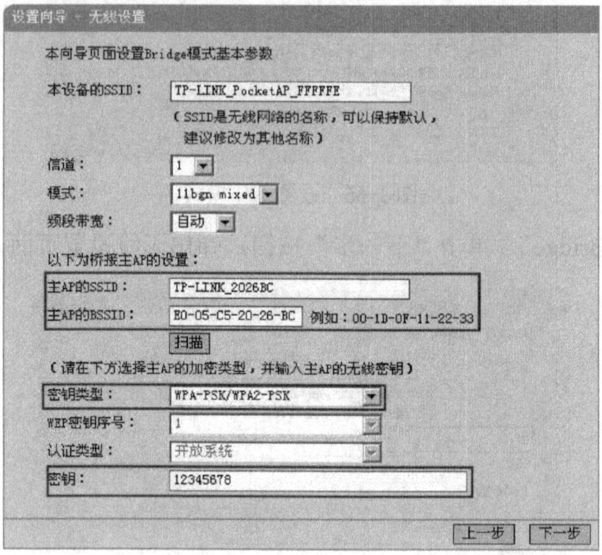

图 3-69　桥接主 AP 设置

步骤 5：单击"下一步"按钮，弹出 TL-WR700N 无线网络安全设置页面，默认选择 WPA-PSK/WPA2-PSK AES 加密方式，推荐选择"开启无线安全"，并输入 PSK 密码（本例为 abcdefgh），如图 3-70 所示。

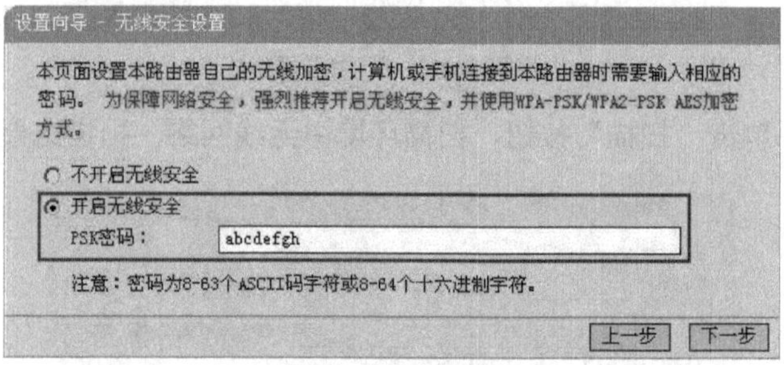

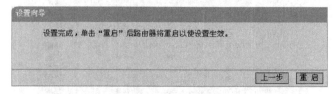

图 3-70　AP 列表

步骤 6：单击"下一步"按钮，提示设备需要重新启动，如图 3-71 所示。

图 3-71　重启路由器

单击"重启"按钮，路由器自动重新启动，设置完成。

步骤 7：重启完成，此时 TL-WR700N 的无线网络已经设置了无线安全，计算机的无线网络连接会自动断开，需要重新连接 TL-WR700N 的无线网络（本例中 SSID 为 TP-LINK_PocketAP_419F2E），连接过程中需要输入 TL-WR700N 的无线 PSK 密码（本例为 abcdefgh），连接上之后，如图 3-72 所示。

步骤 8：重新连接上 TL-WR700N 之后，在计算机上使用 ping 命令检测 Bridge 模式下 TL-WR700N 与 TL-WR941N 的连通性。计算机上 pingTL-WR941N 的管理 IP 地址（本例为 192.168.1.1）。如果能 ping 通，如图 3-73 所示，说明桥接成功。若不能 ping 通，请重新检查配置，特别是无线加密方式及 PSK 密钥是否输入正确。

图 3-72　无线网络连接

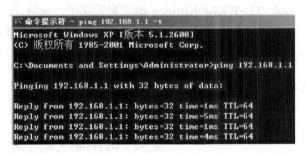

图 3-73　ping 命令执行结果

步骤 9：配置完成之后，请将无线网络连接 IP 地址重新设置成原有的配置（一般是自动获取 IP 地址），单击"确定"按钮生效，才能正常连接至 Internet，如图 3-74 所示。

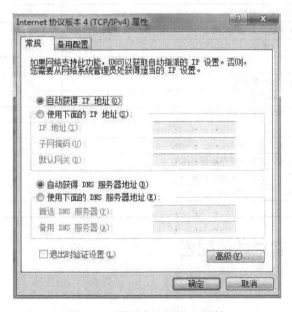

图 3-74　设置自动获取 IP 地址

注意：TL-WR700N 默认管理 IP 地址为"192.168.1.253"，为防止出现 IP 地址冲突的情况，必须将 TL-WR700N 的 LAN 口 IP 地址设置为与有线局域网中所有设备都不相同的 IP 地址（一般情况下不需要修改）。可以在菜单"网络参数"→"LAN 口设置"修改 IP 之后，单击"保存"按钮，路由器自动重启，如图 3-75 所示。

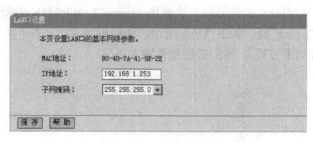

图 3-75　LAN 口设置

至此 TL-WR700NBridge 模式配置完毕，此时 TL-WR700N 与 TL-WR941N 组成 WDS 网络，所以计算机搜索到 TL-WR700N 发出无线 SSID 仍然是 TP-LINK_PocketAP_419F2E，PSK 密钥是 abcdefgh。

3.2.4　任务评价

Wi-Fi 中继与网桥的配置任务评价表如表 3-2 所示。

表 3-2　**Wi-Fi 中继与网桥的配置任务评价表**

项目 3　组建 Wi-Fi 无线局域网任务评价表					
任　务　名　称		任务 3.2、Wi-Fi 中继与网桥的配置			
班　　　级		小　　组			
评价要点	评价内容	分　值	得分	备注	
基础知识 （20分）	是否明确工作任务、目标	5			
	什么是 Wi-Fi 中继及 Wi-Fi 网桥	5			
	Wi-Fi 有哪些工作模式	10			
任务实施 （60分）	Wi-Fi 中继的基本配置方法	20			
	Wi-Fi 网桥的基本配置方法	20			
	Wi-Fi 路由器的管理菜单及其功能	20			
操作规范 （20分）	遵守机房工作和管理制度	5			
	各小组固定位置，按任务顺序展开工作	5			
	按规范使用操作，防止损坏实验设备	5			
	保持环境卫生，不乱扔废弃物	5			
合　　计					

任务 3.3　Wi-Fi 客户端的配置

3.3.1　任务描述

小张公司新增加了一批 Wi-Fi 无线传感设备和具有 Wi-Fi 无线上网功能的笔记本电脑，

需要移动接入公司内部网络。需要使用新 Wi-Fi 路由器完成公司增加和扩展无线网络接入的工作任务，请协助小张完成此项工作。

3.3.2　必要知识准备

TL-WR700N 的 Client 客户端模式也称为"主从模式"。在此模式下工作的 AP 是主 AP 的无线客户端，实现无线网卡的功能。Client 模式的基本使用结构如图 3-76 所示。

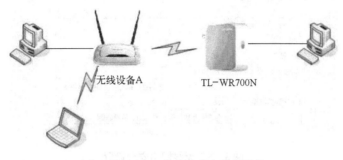

图 3-76　Client 模式的基本使用结构

在此结构中两台无线设备作用不同，无线设备 A 向上连接宽带线路，向下与终端用户实现有线或无线连接。此时无线设备 A 既可以是一个无线路由器，也可以是一个无线接入器。

TL-WR700N 作为一台无线客户端设备，通过有线方式连接最终用户，不能直接通过无线模式与客户终端连接。对于无线设备 A 来说，TL-WR700N 就是一台终端用户设备。具体配置过程，请看以下步骤。

3.3.3　任务实施

3.3.3.1　查看无线设备的配置

以无线设备 A 是 TL-WR841N 无线路由器为例，首先查看并记录下 TL-WR841N 的无线配置参数。如果 TL-WR841N 已正常工作于 AP 或路由状态并知道它的 SSID 和登录密码，就不需要对它进行任何操作。

SSID：进入TL-WR841N管理界面（默认是 192.168.1.1）。单击"运行状态"→"无线状态"，记下无线网络的 SSID 号（本例为 TP-LINK_21157E）及 MAC 地址（本例为 E0-05-C5-21-15-7E），如图 3-77 所示。

图 3-77　无线状态

在"无线网络安全设置"中，查看无线加密方式及 PSK 密码（本例中加密方式选择WPA-PSK/WPA2-PSK，PSK 密钥为11111111），如图 3-78 所示。

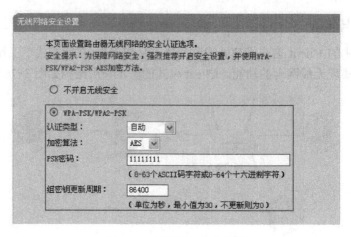

图 3-78　无线网络安全设置

3.3.3.2　TL-WR700N 的配置

步骤 1：计算机有线或无线连接 TL-WR700N 均可配置（以网线连接到 TL-WR700N 为例），由于设备默认不开启 DHCP 服务器，不能为计算机分配 IP 地址，所以需要配置本地连接的 IP 地址，才能登录路由器的管理界面。将本地连接 IP 地址设置为 192.168.1.X（1≤X≤252），子网掩码设置为 255.255.255.0，如图 3-79 所示。设置完成之后，单击"确定"按钮生效。TL-WR700N 默认管理 IP 地址为"192.168.1.253"。

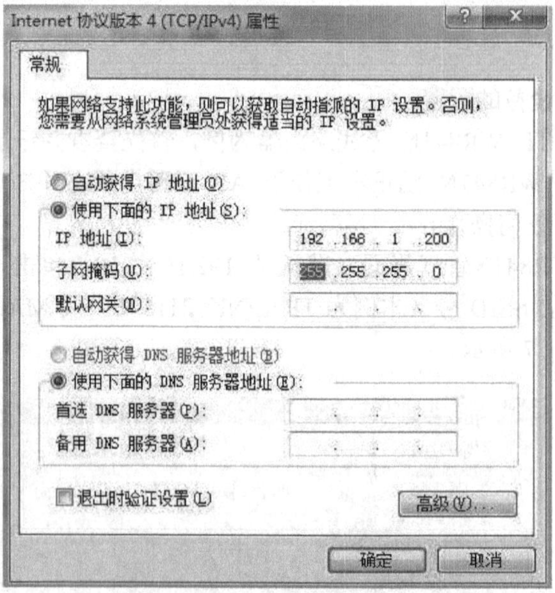

图 3-79　计算机 IP 地址设置

步骤 2：在浏览器中输入"192.168.1.253"，输入登录用户名及密码均为 admin，打开

TL-WR700N 的管理界面，自动弹出"设置向导"（也可以单击管理界面菜单"设置向导"），如图 3-80 所示。

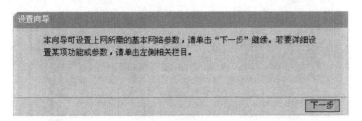

图 3-80　设置向导

步骤 3：单击"下一步"按钮，弹出工作模式设置页面，如图 3-81 所示。

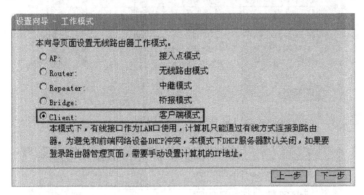

图 3-81　设置工作模式

步骤 4：选择"Client"，单击"下一步"按钮，弹出无线设置页面，如图 3-82 所示。

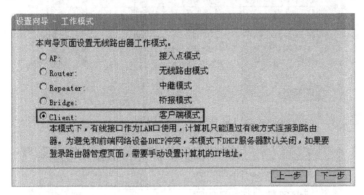

图 3-82　设置基本参数

单击"扫描"按钮，扫描无线网络，扫描结果如图 3-83 所示。

找到 TL-WR841N 的无线网络名称（SSID），如图 3-84 所示，单击"连接"按钮并设置与 TL-WR841N 相同的加密方式和密钥，如图 3-84 所示。

AP列表

扫描到的AP的信息如下：

AP数目： 18

ID	BSSID	SSID	信号强度	信道	是否加密	选择
1	00-25-5E-1D-5A-20	ChinaNet-cA3d	7dB	1	是	连接
2	54-E6-FC-3F-8C-AE	battista_740	59dB	1	是	连接
3	E0-05-C5-21-86-28	Shining	8dB	2	是	连接
4	00-0D-0B-12-C6-F9	MATETON-GREATWALL	6dB	3	是	连接
5	00-08-01-09-38-0B	TP-LINK_09380B	5dB	4	否	连接
6	00-27-19-C4-BC-48	TP-LINK_C4BC48	28dB	4	否	连接
7	00-1D-0F-FA-45-30	TP-LINK_FA4530	38dB	6	是	连接
8	00-27-19-C4-B9-84	testSSID	8dB	6	否	连接
9	00-23-CD-E7-01-B4	2011-2-14	38dB	9	是	连接
10	E0-05-C5-43-79-B4	MATETON_TELECOM	8dB	9	否	连接
11	00-14-78-94-14-5B	TP-LINK_94145B	30dB	9	否	连接
12	E0-05-C5-C9-85-AA	TP_temp111	67dB	9	是	连接
13	00-23-CD-15-31-52	china888	32dB	9	是	连接
14	E0-05-C5-21-15-7E	TP-LINK_21157E	68dB	11	是	连接
15	00-0A-EB-00-23-11	zhongjin	6dB	11	是	连接
16	E0-05-C5-15-04-13	ry	10dB	11	是	连接
17	00-24-01-D0-F6-48	CLIENT3_HP_Network	11dB	13	是	连接
18	54-E6-FC-B8-4F-74	qiaojie_25_2012	15dB	13	是	连接

返回　刷新

图 3-83　扫描结果

设置向导 - 无线设置

本向导页面设置Client模式基本参数

主AP的SSID：　TP-LINK_21157E

主AP的BSSID：　E0-05-C5-21-15-7E　例如：00-1D-0F-11-22-33

扫描

（请在下方选择主AP的加密类型，并输入主AP的无线密钥）

密钥类型：　WPA-PSK/WPA2-PSK

WEP密钥序号：　1

认证类型：　开放系统

密钥：　11111111

上一步　下一步

图 3-84　设置密码

步骤 5：单击"下一步"按钮，设备向导提示需要重新启动，如图 3-85 所示。

设置向导

设置完成，单击"重启"后路由器将重启以使设置生效。

上一步　重启

图 3-85　重新启动

单击"重启"按钮，路由器重新启动，至此客户模式设置完成。此时，登录 TL-WR841N 的管理界面，打开菜单"无线设置"→"无线主机状态"，可以看到 TL-WR700N

的条目，MAC 地址为 TL-WR700N 的 MAC 地址，如图 3-86 所示。说明 TL-WR700N 的 Client 模式已经连接成功。

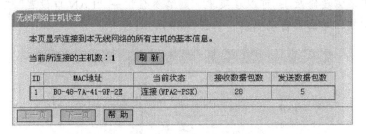

图 3-86　无线主机状态

步骤 6：在计算机上使用 ping 命令检测 Client 模式下 TL-WR700N 与 TL-WR841N 的连通性。计算机上 ping TL-WR841N 的管理 IP 地址（本例为 192.168.1.1）。

如图 3-87 所示，ping 通则说明 TL-WR700N 的 Client 模式连接成功。不能 ping 通，请重新检查配置，注意无线加密方式及 PSK 密钥是否输入正确。

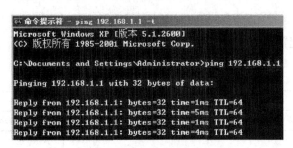

图 3-87　ping 命令执行结果

步骤 7：配置完成后，请将计算机无线网络连接 IP 地址重新设置成原有的配置（一般是自动获取 IP 地址），单击"确定"按钮生效，才能正常连接至互联网，如图 3-88 所示。

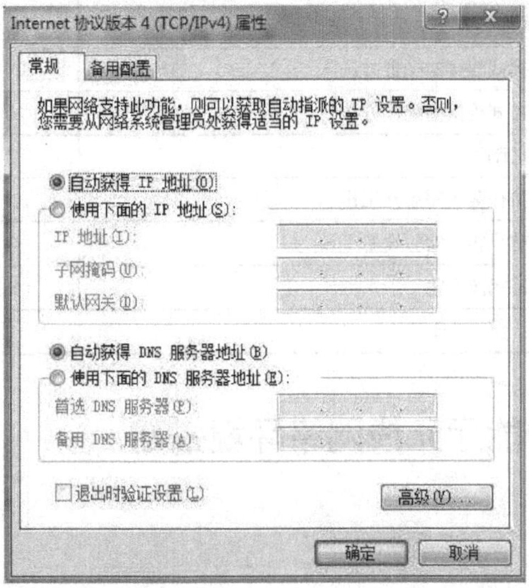

图 3-88　设置自动获取 IP 地址

注意：TL-WR700N 默认管理 IP 地址为"192.168.1.253"，为防止出现 IP 地址冲突，必须将 TL-WR700N 的 LAN 口 IP 地址设置为与有线局域网中所有其他设备都不相同的 IP 地址（一般情况下不需要修改）。可以在菜单"网络参数"→"LAN 口设置"下修改 IP 之后，单击"保存"按钮，路由器自动重启，如图 3-89 所示。

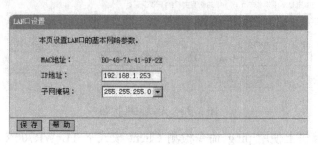

图 3-89 LAN 口设置

TL-WR700N Client 模式配置完成，此时它作为客户端，不发出 SSID 服务选项卡无线信号。

3.3.4 任务评价

Wi-Fi 客户端的配置任务评价表如表 3-3 所示。

表 3-3 Wi-Fi 客户端的配置任务评价表

项目 3 组建 Wi-Fi 无线局域网 任务评价表					
任 务 名 称			任务 3.3、Wi-Fi 客户端的配置		
班　　级			小　　组		
评价要点	评价内容		分　值	得分	备注
基础知识 （20 分）	是否明确工作任务、目标		5		
	什么是客户端模式及客户端模式的配置方法		5		
	客户端模式的方案配置		10		
任务实施 （60 分）	AP 模式与客户模式连接的基本配置方法		20		
	路由模式与客户端模式连接的配置方法		20		
	桥接模式与客户端模式连接的配置方法		20		
操作规范 （20 分）	遵守机房工作和管理制度		5		
	各小组固定位置，按任务顺序展开工作		5		
	按规范使用操作，防止损坏实验设备		5		
	保持环境卫生，不乱扔废弃物		5		
合　　计					

任务 3.4　校园多功能厅无线网络环境搭建

3.4.1　任务描述

某学校准备召开全体教职员工联欢会，活动地点定在了学校地下一层多功能厅，届时将举办多种多样的文娱节目、现场互动活动。在会场中，中央控制器为手持平板电脑，通过无线控制会场中大部分设备，如投影仪、灯光、空调和音箱等；联欢会大多数节目需要观众通过临时配发的无线移动终端与大会主持人进行互动。因此，在此工程中无线网络的覆盖成为本次联欢会成功的重要因素。但是由于楼体设计较早，只有调音室处有一个网络接口与校园网相连，其他地方没有网络接口，只有强电插头。

3.4.2 必要知识准备

TL-WR740N 150M 无线宽带路由器是专为满足小型企业、办公室和家庭办公室的无线上网需要而设计的，它基于 IEEE 802.11n 标准，能扩展无线网络范围，提供最高达150Mbit/s 的稳定传输，同时兼容 IEEE 802.11b 和 IEEE 802.11g 标准，功能实用、性能优越和易于管理并且提供多重安全防护措施，可以有效保护用户的无线上网安全。

3.4.2.1 前面板

TL-WR740N 前面板示意图如图 3-90 所示。

图 3-90　TL-WR740N 前面板示意图

TL-WR740N 前面板指示灯功能表如表 3-4 所示。

表 3-4　TL-WR740N 前面板指示灯功能表

指 示 灯	描　　述	功　　能
SYS	系统状态指示灯	常灭——系统存在故障 常亮——系统初始化故障 闪烁——系统正常
WLAN	无线状态指示灯	常灭——没有启用无线功能 闪烁——已经启用无线功能
1/2/3/4	局域网状态指示灯	常灭——端口没有连接上 常亮——端口已正常连接 闪烁——端口正在进行数据传输
WAN	广域网状态指示灯	常灭——相应端口没有连接上 常亮——相应端口已正常连接 闪烁——相应端口正在进行数据传输
QSS	安全连接指示灯	慢闪——表示正在进行安全连接，此状态持续约 2min 慢闪转为常亮——表示安全连接成功 慢闪转为快闪——表示安全连接失败

3.4.2.2 后面板

TL-WR740N 后面板示意图如图 3-91 所示。

1）POWER：电源插孔用来连接电源为路由器供电。为保证设备正常工作必须使用额定电源。

2）1/2/3/4：局域网端口插孔（RJ45）。用来连接局域网中的集线器、交换机或计算机的网卡。

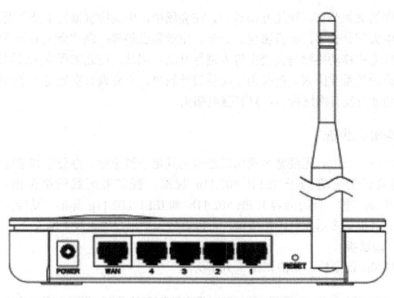

图 3-91 TL-WR740N 后面板示意图

3）WAN：广域网端口插孔（RJ45）。用来连接以太网或 xDSL Modem/Cable Modem（即"猫"）。

4）RESET：复位按钮。用来使设备恢复到出厂默认设置。

5）天线：用于无线数据的收发。

3.4.3　任务实施

3.4.3.1　需求分析

本次网络部署为临时无线网络环境搭建，且工期较紧，不宜大规模综合布线；多功能厅为室内环境，且立柱分布规律，利于无线接入点（AP）安装。

需要接入无线网的手持终端个数 200 个左右。

根据以上实际情况，此处选择 AP 部署方式。其中，每个 AP 的为独立供电，即通过安装点附近强电插座直接取电；AP 数据信号传输通过无线桥接方式实现，即将一台 AP 上联网线插至调音室的网络接口，将无线信号通过无线桥进行转发、中继。

综上所述，此处选择了价格低廉、安装方便和便于操作维护的初级无线接入点，TL-WR740N 150M。

3.4.3.2　设置 AP

无线接入点默认 LAN 口 IP 地址是 192.168.1.1，默认子网掩码是 255.255.255.0。这些值可以根据实际需要而改变。在此以 Windows XP 系统为例，介绍计算机参数的设置步骤。

用鼠标右键单击桌面上的"网上邻居"图标，选择属性，在打开的"网络连接"页面中，用鼠标右键单击"本地连接"，选择状态，打开"本地连接状态"页面，然后按图 3-92 所示进行操作。

Windows 98 或更早版本的操作系统，以上设置可能需要重启的计算机。

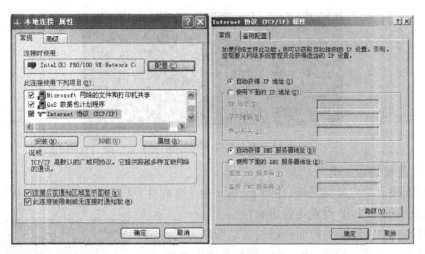

图 3-92 修改 IP 地址设置

使用 Ping 命令检查的计算机和路由器之间是否连通。在 Windows XP 环境中，单击"开始"→"运行"，在随后出现的运行窗口输入"cmd"命令，按〈Enter〉键或单击"确定"按钮进入图 3-93 所示的界面。

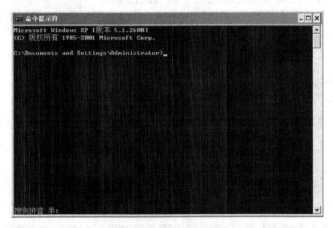

图 3-93 命令提示符窗口

输入命令：Ping 192.168.1.1，按〈Enter〉键。

如果屏幕显示如图 3-94 所示，表示连接成功。

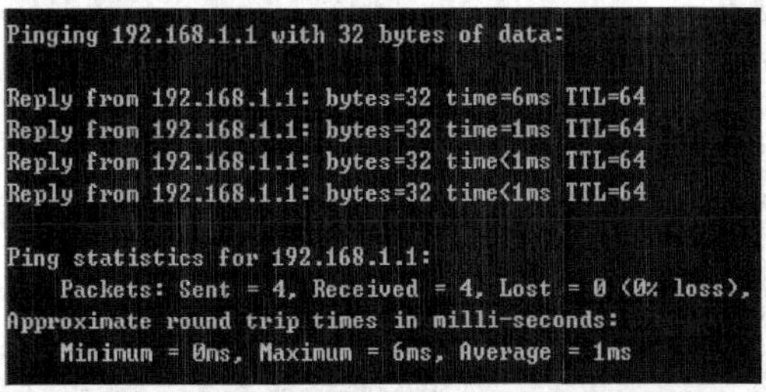

```
Pinging 192.168.1.1 with 32 bytes of data:

Reply from 192.168.1.1: bytes=32 time=6ms TTL=64
Reply from 192.168.1.1: bytes=32 time=1ms TTL=64
Reply from 192.168.1.1: bytes=32 time<1ms TTL=64
Reply from 192.168.1.1: bytes=32 time<1ms TTL=64

Ping statistics for 192.168.1.1:
    Packets: Sent = 4, Received = 4, Lost = 0 <0% loss>,
Approximate round trip times in milli-seconds:
    Minimum = 0ms, Maximum = 6ms, Average = 1ms
```

图 3-94 Ping 命令连接成功

如果屏幕显示如图 3-95 所示，这说明设备还未安装好，可以按照下列顺序检查。

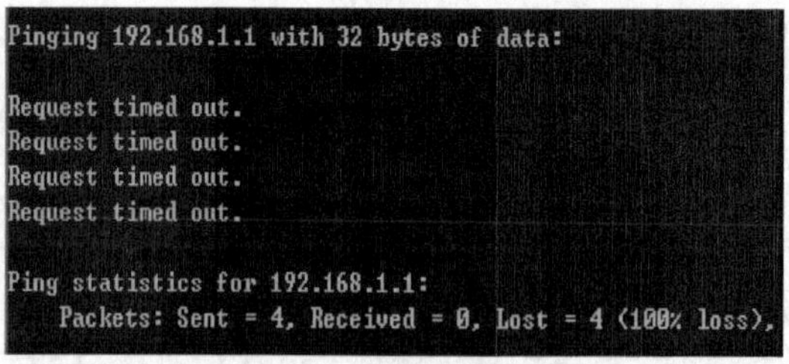

Pinging 192.168.1.1 with 32 bytes of data:
Request timed out.
Request timed out.
Request timed out.
Request timed out.
Ping statistics for 192.168.1.1:
Packets: Sent = 4, Received = 0, Lost = 4 (100% loss),

图 3-95　Ping 命令连接失败

1）硬件连接是否正确？

路由器面板上对应局域网端口的 Link/Act 指示灯和计算机上的网卡指示灯必须亮。

2）计算机的 TCP/IP 设置是否正确？

若计算机的 IP 地址为前面介绍的自动获取方式，则无须进行设置。若手动设置 IP，请注意如果路由器的 IP 地址为 192.168.1.1，那么计算机 IP 地址必须为 192.168.1.X（X 是 2～254 的任意整数），子网掩码须设置为 255.255.255.0，默认网关须设置为 192.168.1.1。

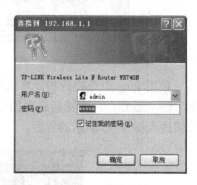

打开网页浏览器，在浏览器的地址栏中输入路由器的 IP 地址 192.168.1.1，将会看到图 3-96 所示登录界面，输入用户名和密码（用户名和密码的出厂默认值均为 admin），单击“确定”按钮。

连接到 192.168.1.1
TP-LINK Wireless Lite N Router WR740N
用户名(U):
admin
密码(P):
记住我的密码(R)
确定
取消

图 3-96　登录界面

3.4.3.3　系统调试

1．启动和登录

启动路由器并成功登录路由器管理页面后，浏览器会显示管理员模式的界面，如图 3-97 所示。

http://192.168.1.253/
TL-WR702N
TP-LINK
150M无线速率，11N技术，无线生活新选择
运行状态
设置向导
工作模式
网络参数
无线设置
DHCP服务器
系统工具
设置向导
下一步
Done

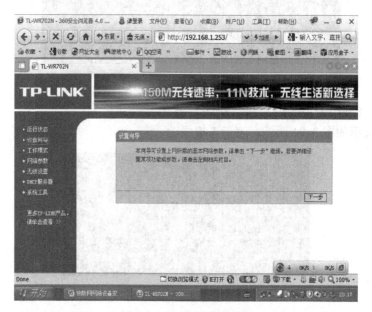

图 3-97　路由器管理页面

在左侧菜单栏中，共有如下几个菜单：运行状态、设置向导、QSS 安全设置、网络参数、无线设置、DHCP 服务器、转发规则、安全功能、家长控制、上网控制、路由功能、IP 带宽控制、IP 与 MAC 绑定、动态 DNS 和系统工具。单击某个菜单项，即可进行相应的功能设置。

下面将详细讲解各个菜单的功能。

2. 运行状态

选择菜单运行状态，可以查看路由器当前的状态信息，包括 LAN 口状态、无线状态、WAN 口状态和 WAN 口流量统计信息，如图 3-98 所示。

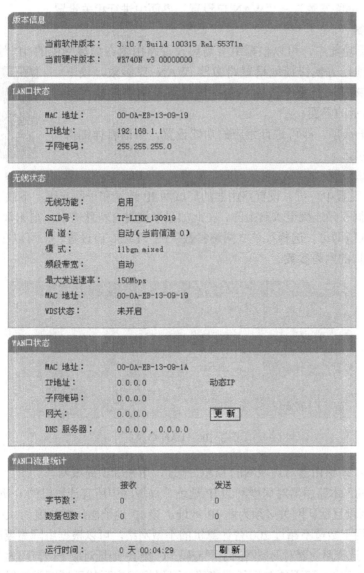

图 3-98　运行状态

版本信息：此处显示路由器当前的软硬件版本号，可以在"系统工具"→"软件升级界面"升级软件版本。

（1）LAN口状态

此处显示路由器当前LAN口的MAC地址、IP地址和子网掩码，其中IP地址和子网掩码可以在"网络参数"→"LAN口设置"界面中进行设置。

（2）无线状态

此处显示路由器当前的无线设置状态，包括SSID、信道和频段带宽等信息，可以在"无线设置"→"基本设置"界面进行相关设置。

● WAN口状态：

此处显示路由器当前WAN口的MAC地址、IP地址、子网掩码、网关和DNS服务器地址，可以在"网络参数"→"WAN口设置"界面中进行相关设置。

3. 网络参数

在网络参数功能中，可以根据组网需要设置路由器在局域网中的IP地址，并根据学校规划的网络地址方便快捷地设置路由器WAN口参数，使下联无线用户能够联通至整个校园网内。选择菜单网络参数可以看到图3-99所示的界面。

单击某个子选项，即可进行相应的功能设置，下面将详细讲解各子选项的功能。

图3-99 网络参数菜单

（1）LAN口设置

在LAN口设置中，可以设置路由器的局域网IP地址和子网掩码，下联无线用户可以通过此IP地址根据权限连接至本路由器。在此如果学校没有特殊需求，则无须改变LAN口IP地址，保持默认值即可。选择菜单"网络参数"→"LAN口设置"，可以在图3-100界面中配置LAN接口的网络参数。

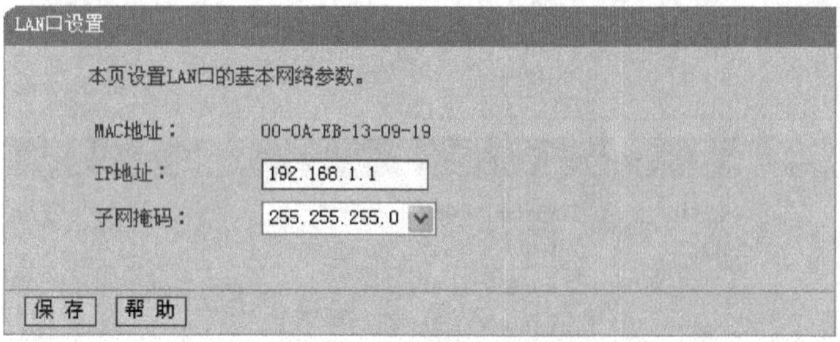

图3-100 LAN口设置

MAC地址：本路由器对局域网的MAC地址，用来标识局域网。

IP地址：输入本路由器对局域网的IP地址。局域网中所有计算机的IP地址必须与此IP地址处于同一网段且默认网关必须为此IP地址。该IP地址出厂默认值为192.168.1.1，为C类IP地址，适用于数量不超过200台计算机的小型网络，可以根据组网需要改变它。

子网掩码：选择路由器对局域网的子网掩码。C类IP地址对应子网掩码为255.255.255.0，为保证网络连接正常，请不要改变子网掩码。可以根据实际的局域网类型以及IP地址类型选择不同的子网掩码。

完成更改后，单击"保存"按钮，路由器将自动重启以使现有设置生效。

注意：

如果改变了本地IP地址，必须用新的IP地址才能登录路由器的Web管理界面，并且局域网中所有计算机的默认网关必须设置为该IP地址才能正常上网。

局域网中所有计算机的子网掩码必须与此处子网掩码设置相同。

（2）WAN口的设置

WAN是广域网（Wide Area Network）的缩写。在对WAN口参数的设置中，可以根据学校规划的连接类型方便快捷地设置路由器，使下联无线计算机连接至校园网内。在此设置中各种参数均须按照学校规划网络地址进行设置，否则可能引起整个校园网内的其他未知故障，当参数不明确时必须向学校有关部门索要。

选择菜单"网络参数"→"WAN口设置"，可以在随后出现的界面中配置WAN口的网络参数。本路由器支持6种上网方式：动态IP、静态IP、PPPoE、L2TP、PPTP和DHCP+。

● 动态IP

当学校未提供任何IP网络参数时，请选择动态IP，如图3-101所示。选择动态IP，路由器将从校园网内自动获取IP地址（如果开启了分配地址服务）。

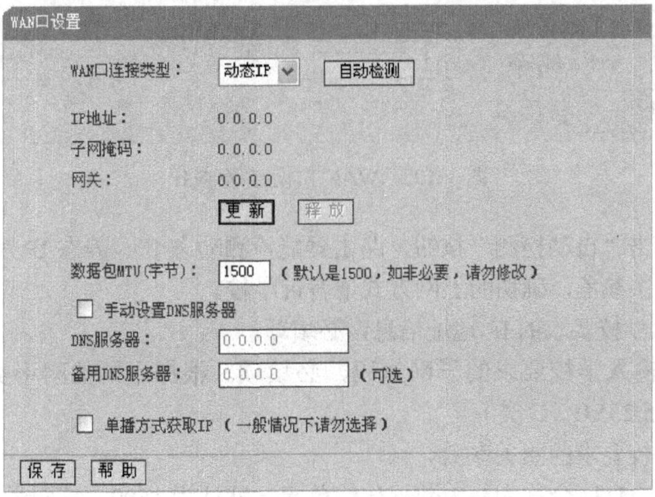

图3-101　WAN口设置-动态IP

自动检测：单击"自动检测"按钮，路由器能为检测动态IP、静态IP和PPPoE 3种上网方式，检测结果仅供参考，确切的上网方式请咨询学校的网络规划部门。

更新：单击"更新"按钮，可以查看路由器，从学校的DHCP服务器上动态得到IP地址、子网掩码、网关以及DNS服务器。

释放：单击"释放"按钮，路由器将发送DHCP释放请求给学校的DHCP服务器，释放IP地址、子网掩码、网关以及DNS服务器设置。

数据包MTU：MTU全称为最大数据传输单元，默认为1500。如非特别需要，一般不要更改。

DNS服务器、备用DNS服务器：显示从学校处自动获取的DNS服务器地址。当需要使用已有的 DNS 服务器时，勾选"手动设置 DNS 服务器"，并在此处输入 DNS 服务器和备用 DNS 服务器（可选）的 IP 地址。路由器将优先连接手动设置的 DNS 服务器。

单播方式获取 IP：部分学校的 DHCP 服务器出于安全考虑可能不支持广播请求方式，如果在网络连接正常的情况下无法获取 IP 地址，请选择此选项。

完成更改后，单击"保存"按钮。

● 静态 IP

当学校分配给路由器上网方式为一静态 IP 时，学校会提供相应的 IP 地址、子网掩码、网关和 DNS 服务器等 WAN IP 信息，选择静态 IP，如图 3-102 所示，根据实际情况填写即可。

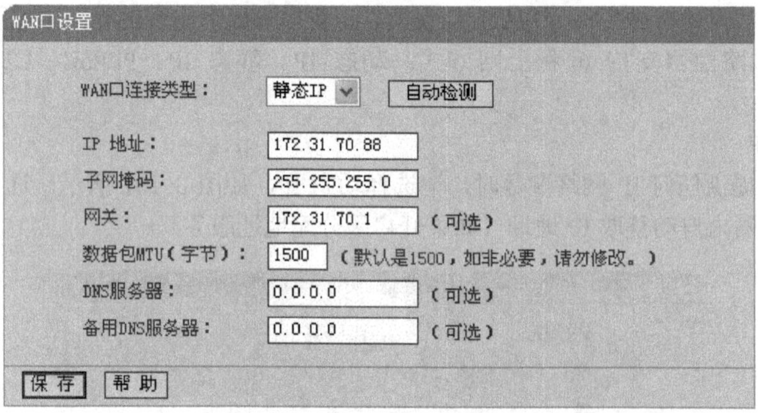

图 3-102 WAN 口设置-静态 IP

自动检测：单击"自动检测"按钮，路由器能检测动态 IP、静态 IP 和 PPPoE 三种上网方式，检测结果仅供参考，确切的上网方式请咨询学校。

IP 地址：输入学校要求的 IP 地址信息，必填项。

子网掩码： 输入学校要求的子网掩码，必填项。根据不同的网络类型，子网掩码不同，一般为 255.255.255.0（C 类）。

网关：输入学校要求的网关参数。

数据包 MTU：MTU 全称为最大数据传输单元，默认为 1500。请向学校咨询是否需要更改。如非特别需要，一般不要更改。

DNS 服务器、备用 DNS 服务器：如果校园网提供域名访问，至少会提供一个 DNS（域名服务器）地址，若提供了两个 DNS 地址，则将其中一个填入"备用 DNS 服务器"栏。

完成更改后，单击"保存"按钮。

● MAC 地址克隆

选择菜单"网络参数"→"MAC 地址克隆"，可以在图 3-103 界面中设置路由器对校园网显示的 MAC 地址。

MAC 地址：此项默认为路由器 WAN 口的 MAC 地址。若学校要求了一个 MAC 地址，并要求对路由器 WAN 口的 MAC 地址进行绑定，只要将提供的值输入到"MAC 地址"栏。除非学校有特别要求，否则不建议更改 MAC 地址。

图 3-103　MAC 地址克隆

当前管理 PC 的 MAC 地址：该处显示当前正在管理路由器的计算机的 MAC 地址。

恢复出厂 MAC：单击此按钮，即可恢复 MAC 地址为出厂时的默认值。

克隆 MAC 地址：单击此按钮，可将当前管理 PC 的 MAC 地址克隆到"MAC 地址"栏内。若学校要求服务时要求进行 MAC 地址克隆，则应进行该选项操作，否则无须克隆 MAC 地址。完成更改后，单击"保存"按钮。

注意：
只有局域网中的计算机才能使用"克隆 MAC 地址"功能。

4．无线设置

通过无线设置功能，可以安全方便地启用路由器的无线功能进行网络连接。

选择菜单无线设置，可以看到图 3-104 所示的界面。

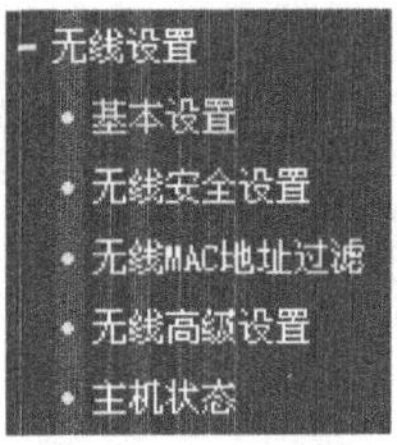

单击某个子选项，即可进行相应的功能设置，下面将详细讲

图 3-104　无线设置菜单

解各子项的功能。

● 基本设置

通过进行基本设置可以开启并使用路由器的无线功能，组建内部无线网络。组建网络时，内网主机需要无线网卡连接到无线网络，但是此时的无线网络并不是安全的，建议完成基本设置后进行相应的无线安全设置。

单击基本设置，就可以在图 3-105 中进行无线网络的基本设置。其中的 SSID 号和信道是路由器无线功能必须设置的参数。

SSID 号：即 Service Set Identification，用于标识无线网络的网络名称。可以在此输入一个喜欢的名称，它将显示在无线网卡搜索到的无线网络列表中。

信道：以无线信号作为传输媒体的数据信号传送的通道，选择范围从 1～13。如果选择的是自动，则 AP 会自动根据周围的环境选择一个最好的信道。

模式：该选项用于设置路由器的无线工作模式，推荐使用 11bgn mixed 模式。

频段带宽：设置无线数据传输时所占用的信道宽度。可选项为 20M、40M 和自动。

最大发送速率：该选项用于设置无线网络的最大发送速率。

开启无线功能：若要采用路由器的无线功能，必须选择该选项，这样，无线网络内的主机才可以接入并访问有线网络。

开启 SSID 广播：该选项功能用于将路由器的 SSID 号向周围环境的无线网络内广播，

这样，主机才能扫描到 SSID 号，并可以加入该 SSID 标识的无线网络。

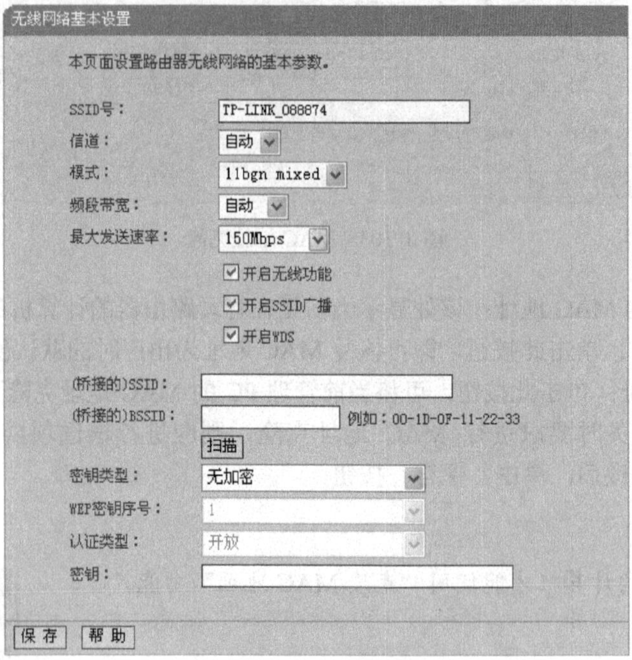

图 3-105　无线网络基本设置

开启 WDS：可以选择这一项开启 WDS 功能，通过这个功能可以桥接多个无线局域网。

注意：如果开启了这个功能，最好要确保以下的信息输入正确。

（桥接的）SSID：要桥接的 AP 的 SSID。
（桥接的）BSSID：要桥接的 AP 的 BSSID。
扫描：可以通过这个按钮扫描路由器周围的无线局域网。
密钥类型：这个选项需要根据桥接的 AP 的加密类型来设定。

注意：最好情况下应该保持这个加密方式和 AP 设定的加密方式相同。

WEP 密钥序号：如果是 WEP 加密的情况，这个选项需要根据桥接的 AP 的 WEP 密钥的序号来设定。
认证类型：如果是 WEP 加密的情况，这个选项需要根据桥接的 AP 的认证类型来设定。
密钥：根据桥接的 AP 的密钥设置来设置该选项。
完成更改后，单击"保存"按钮并重启路由器使现在的设置生效。

注意：选择信道时请避免与当前环境中其他无线网络所使用的信道重复，以免发生信道冲突，使传输速率降低。

以上提到的频段带宽设置仅针对支持 IEEE 802.11n 协议的网络设备；对于不支持 IEEE 802.11n 协议的设备，此设置不生效。例如，当本路由器与 11N 系列网卡客户端进行通信时频道带宽设置可以生效，当与 11a/b/g 系列网卡客户端进行通信时此设置将不再生效。

当路由器的无线设置完成后，无线网络内的主机若想连接该路由器，其无线参数（如SSID 号）必须与此处设置一致。

与路由器进行 WDS 连接的 AP，只需要工作在 AP 模式且支持 4 地址即可，不需要额外的配置。WDS 连接拓扑图如图 3-106 所示。

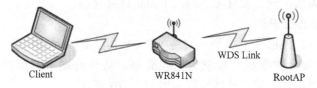

图 3-106　WDS 连接拓扑图

● 无线安全设置

通过无线安全设置功能，可以防止他人未经同意私自连入无线网络，占用网络资源，同时也可以避免黑客窃听、黑客攻击等不利的行为，从而提高无线网络的安全性。

选择菜单"无线设置"→"无线安全设置"，可以在图 3-107 界面中设置无线网络安全选项。

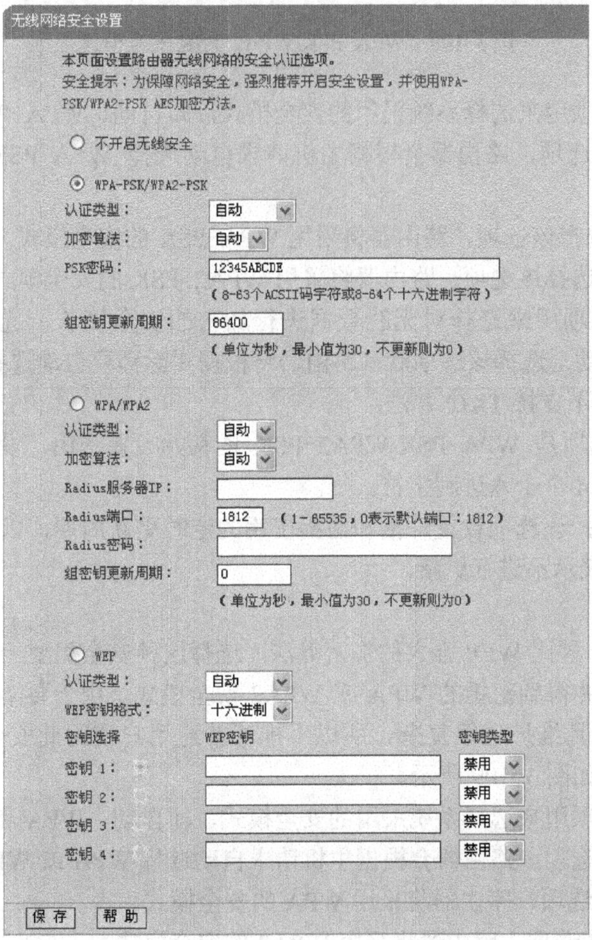

图 3-107　无线网络安全设置

在无线网络安全设置页面可以选择是否关闭无线安全功能。

如果无需开启无线安全功能，请勾选不开启无线安全以关闭无线安全功能。

如果要开启无线安全功能，则请选择页面中三种安全类型中的一种进行无线安全设置。

本页面提供了三种无线安全类型供选择：WPA-PSK/WPA2-PSK、WPA/WPA2 以及 WEP。不同的安全类型，安全设置项不同，下面将详细介绍。

● WPA-PSK/WPA2-PSK

WPA-PSK/WPA2-PSK 安全类型其实是 WPA/WPA2 的一种简化版本，它是基于共享密钥的 WPA 模式，安全性很高，设置也比较简单，适合普通家庭用户和小型企业使用。WPA-PSK/WPA2-PSK 安全模式具体设置项如图 3-108 所示。

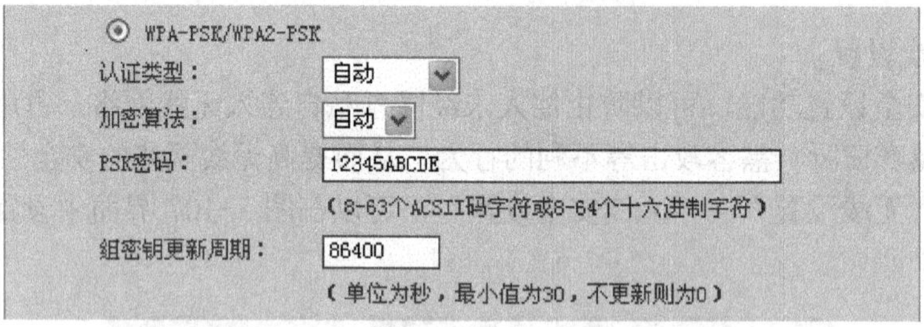

图 3-108　WPA-PSK/WPA2-PSK 安全模式

认证类型：该选项用来选择系统采用的安全模式，即自动、WPA-PSK、WPA2-PSK。

自动：若选择该选项，路由器会根据主机请求自动选择 WPA-PSK 或 WPA2-PSK 安全模式。

WPA-PSK：若选择该选项，路由器将采用 WPA-PSK 的安全模式。

WPA2-PSK：若选择该选项，路由器将采用 WPA2-PSK 的安全模式。

加密算法：该选项用来选择对无线数据进行加密的安全算法，选项有自动、TKIP 和 AES。默认选项为自动，选择该选项后，路由器将根据实际需要自动选择 TKIP 或 AES 加密方式。注意 11N 模式不支持 TKIP 算法。

PSK 密码：该选项是 WPA-PSK/WPA2-PSK 的初始设置密钥，设置时，要求为 8～63 个 ASCII 字符或 8～64 个十六进制字符。

组密钥更新周期：该选项设置广播和组播密钥的定时更新周期，以秒为单位，最小值为 30，若该值为 0，则表示不进行更新。

● WPA/WPA2

WPA/WPA2 是一种比 WEP 强大的加密算法，选择这种安全类型，路由器将采用 Radius 服务器进行身份认证并得到密钥的 WPA 或 WPA2 安全模式。由于要架设一台专用的认证服务器，代价比较昂贵且维护也很复杂，所以不推荐普通用户使用此安全类型。WPA/WPA2 安全模式具体设置项如图 3-109 所示。

认证类型：该选项用来选择系统采用的安全模式，即自动、WPA 和 WPA2。

自动：若选择该选项，路由器会根据主机请求自动选择 WPA 或 WPA2 安全模式。

WPA：若选择该选项，路由器将采用 WPA 的安全模式。

WPA2：若选择该选项，路由器将采用 WPA2 的安全模式。

加密算法：该选项用来选择对无线数据进行加密的安全算法，选项有自动、TKIP 和 AES。默认选项为自动，选择该选项后，路由器将根据实际需要自动选择 TKIP 或 AES 加密方式。这里需要注意的是，当选择 WPA/WPA2 TKIP 加密时，由于 802.11N 不支持此加密方式，所以路由器可能工作在较低的传输速率上，建议使用 WPA2-PSK 等级的 AES 加密，如图 3-110 所示。

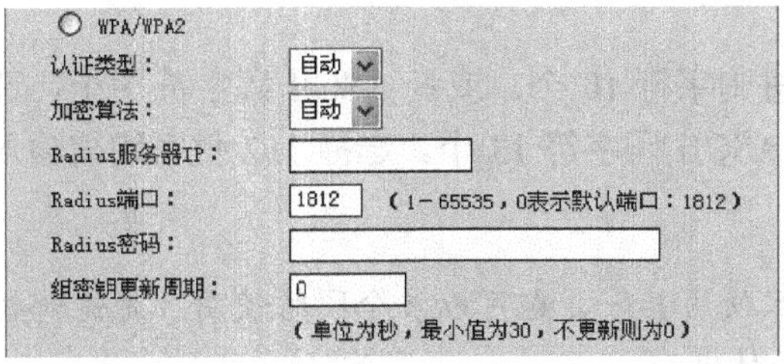

图 3-109　WPA/WPA2 安全模式

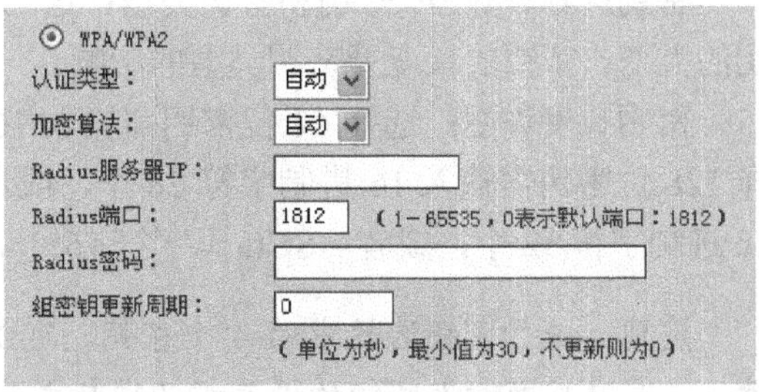

图 3-110　选择 WPA/WPA2 TKIP 加密

Radius 服务器 IP：Radius 服务器用来对无线网络内的主机进行身份认证，此选项用来设置该服务器的 IP 地址。

Radius 端口：Radius 服务器用来对无线网络内的主机进行身份认证，此选项用来设置该 Radius 认证服务采用的端口号。

Radius 密码：该选项用来设置访问 Radius 服务的密码。

组密钥更新周期：该选项设置广播和组播密钥的定时更新周期，以秒为单位，最小值为 30，若该值为 0，则表示不进行更新。

● WEP

WEP 是 Wired Equivalent Privacy 的缩写，它是一种基本的加密方法，其安全性不如另外两种安全类型高。选择 WEP 安全类型，路由器将使用 802.11 基本的 WEP 安全模式。这里需要注意的是，因为 802.11N 不支持此加密方式，如果选择此加密方式，路由器可能会工作在较低的传输速率上。WEP 安全模式如图 3-111 所示。

认证类型：该选项用来选择系统采用的安全模式，包括自动、开放系统和共享密钥。

自动：若选择该选项，路由器会根据主机请求自动选择开放系统或共享密钥方式。

开放系统：若选择该选项，路由器将采用开放系统方式。此时，无线网络内的主机可以在不提供认证密码的前提下，通过认证并关联上无线网络，但是若要进行数据传输，必须提供正确的密码。

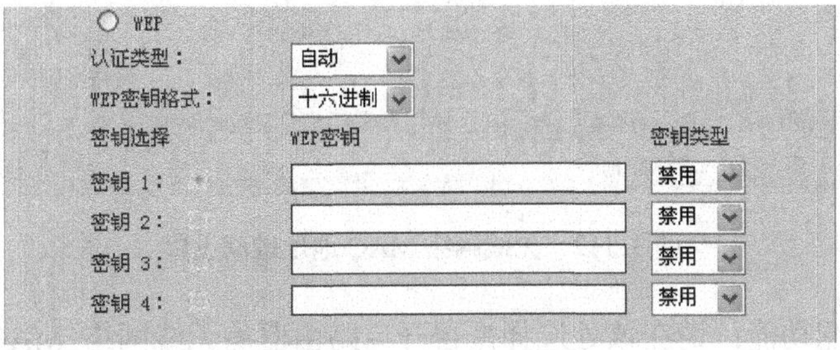

图 3-111　WEP 安全模式

共享密钥：若选择该选项，路由器将采用共享密钥方式。此时，无线网络内的主机必须提供正确的密码才能通过认证，否则无法关联上无线网络，更无法进行数据传输。

WEP 密钥格式：该选项用来选择即将设置的密钥的形式，包括 16 进制、ASCII 码。若采用 16 进制，则密钥字符只能为 0～9，A、B、C、D、E、F；若采用 ASCII 码，则密钥字符可以是键盘上的任意字符。

密钥选择、WEP 密钥和密钥类型：这 3 项用来选择密钥，设置具体的密钥值和选择密钥的类型，密钥的长度受密钥类型的影响。

密钥长度说明：选择 64 位密钥需输入 16 进制字符 10 个，或者 ASCII 码字符 5 个。选择 128 位密钥需输入 16 进制字符 26 个，或者 ASCII 码字符 13 个。选择 152 位密钥需输入 16 进制字符 32 个，或者 ASCII 码字符 16 个。

注意：关于密钥选择中的 4 个密钥，可以只使用其一，也可以多个同时使用。无论哪种情况，客户端网卡上密钥的设置都必须与之一一对应。

注意：若路由器进行了无线安全设置，则该无线网络内的所有主机都必须根据此处的安全设置进行相应的设置，如密码设置必须完全一样，否则将不能成功的通过无线连接到该路由器。

● 无线 MAC 地址过滤

MAC 地址是网卡的物理地址，它就像是网卡的身份证，在网络中进行网卡的识别都是通过这个地址进行的。通常说的计算机的 MAC 地址也即计算机上网卡的 MAC 地址。

无线 MAC 地址过滤功能就是通过 MAC 地址来控制计算机能否接入无线网络，从而有效控制无线网络内用户的上网权限。

无线 MAC 地址过滤功能通过 MAC 地址允许或拒绝无线网络中的计算机访问广域网，有效控制无线网络内用户的上网权限。可以单击按钮添加新条目来增加新的过滤规则；或者通过"编辑"、"删除"链接来编辑或删除列表中的过滤规则，如图 3-112 所示。

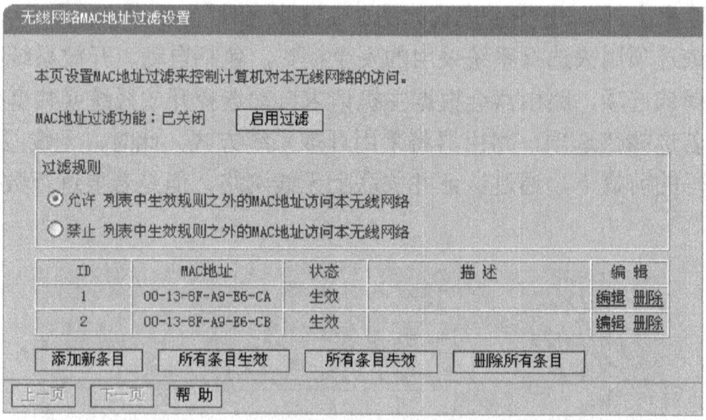

图 3-112　无线网络 MAC 地址过滤设置

MAC 地址过滤功能：请在该处选择是否开启路由器的无线网络 MAC 地址过滤功能。只有当选择开启时，下面的设置才会生效。

过滤规则：请选择 MAC 地址过滤规则，允许或禁止列表中生效规则之外的 MAC 地址所对应的计算机访问本无线网络。单击"添加新条目"按钮后，可以在图 3-113 界面中设置过滤规则条目。

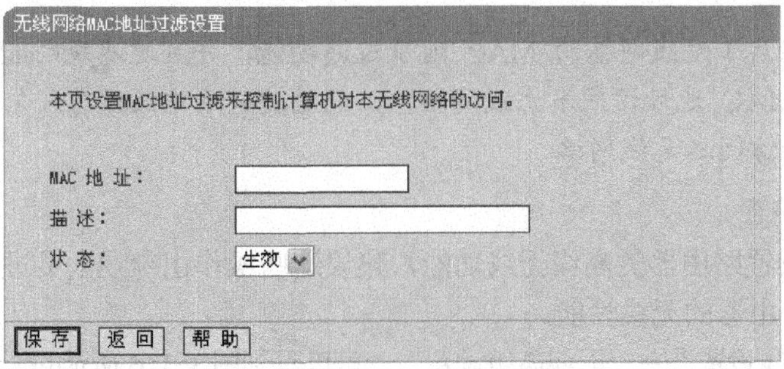

图 3-113　无线网络 MAC 地址过滤设置

MAC 地址：用于输入希望管理的计算机的 MAC 地址。

状态：用于设置 MAC 地址过滤条目的状态。"生效"表示该设置条目被启用，"失效"表示该设置条目未被启用。

描述：对主机的简单描述，可选设置，但为了方便识别不同的计算机，建议进行设置。

设置完成后的设置结果将显示在图 3-112 中列表当中。

举例：如果想禁止 MAC 地址为"00-13-8F-A9-E6-CA"和"00-13-8F-A9-E6-CB"的主机访问的无线网络，而其他主机可以访问此无线网络，可以按照以下步骤进行配置。

在图 3-112 中，单击"启用过滤"按钮，开启无线网络的访问控制功能。

在图 3-112 中，选择过滤规则为"允许列表中生效规则之外的 MAC 地址访问本无线网络"，并确认访问控制列表中没有任何不需要过滤的 MAC 地址生效条目，如果有，将该条目状态改为"失效"或删除该条目，也可以单击"删除所有条目"按钮，将列表中的条目清空。

在图 3-112 中，单击"添加新条目"按钮，按照图 3-114 界面设置 MAC 地址为"00-13-8F-A9-E6-CA"，状态为"生效"。设置完成后，单击"保存"按钮。

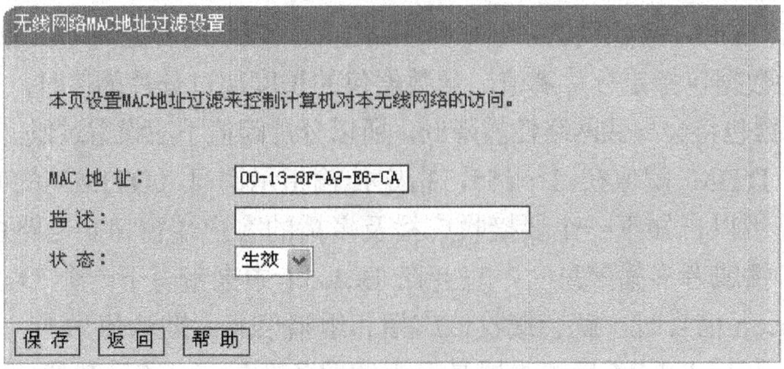

图 3-114　添加无线网络 MAC 地址过滤条目

参照上面内容，继续添加过滤条目，设置 MAC 地址为"00-13-8F-A9-E6-CB"，状态为"生效"。设置完成后，单击"保存"按钮。

设置完成后生成的 MAC 地址过滤列表如图 3-115 所示。

ID	MAC地址	状态	描 述	编 辑
1	00-13-8F-A9-E6-CA	生效		编辑 删除
2	00-13-8F-A9-E6-CB	生效		编辑 删除

图 3-115 MAC 地址过滤列表

注意：如果开启了无线网络的 MAC 地址过滤功能，并且过滤规则选择了"禁止列表中生效规则之外的 MAC 地址访问本无线网络"，而过滤列表中又没有任何生效的条目，那么任何主机都不可以访问本无线网络。

● 无线高级设置

此界面用于设置路由器的高级无线功能，建议这些操作由专业人员进行，因为不正确的设置可能会降低路由器的无线性能。

选择菜单"无线设置"→"无线高级设置"，可以看到图 3-116 所示的无线高级设置界面。

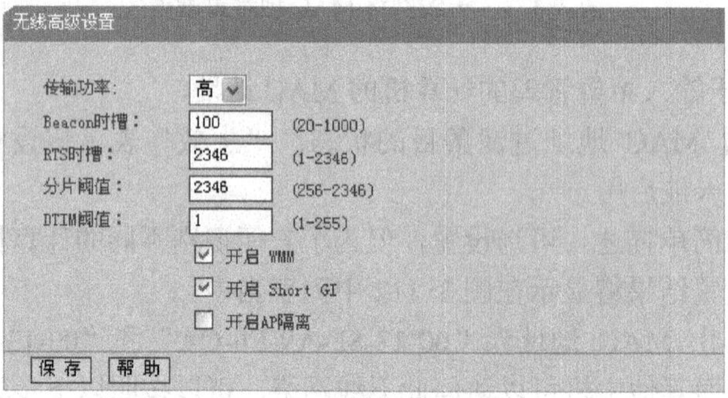

图 3-116 无线高级设置

传输功率：设置无线网络的传输功率，推荐保持默认值"高"。

Beacon 时槽：路由器通过发送 Beacon 广播进行无线网络连接的同步。Beacon 时槽表示路由器发送 Beacon 广播的频率。默认值为 100 毫秒。Beacon 广播的取值范围是 20~1000 毫秒。

RTS 时槽：为数据包指定 RTS（Request To Send，发送请求）阈值。当数据包长度超过RTS 阈值时，路由器就会发送 RTS 到目的站点来进行协商。接收到 RTS 帧后，无线站点会回应一个 CTS（Clear To Send，清除发送）帧来回应路由器，表示两者之间可以进行无线通信了。

分片阈值：为数据包指定分片阈值。当数据包的长度超过分片阈值时，会被自动分成多个数据包。过多的数据包将会导致网络性能降低，所以分片阈值不应设置过低。默认值为 2346。

DTIM 阈值：DTIM 阈值在 1~255，指定传输指示消息（DTIM）的间隔。DTIM 是一种倒数计时作业，用以告知下一个要接收广播及多播的客户端窗口。当路由器已经为相关联的客户端缓存了广播或者多播信息时，它会在 Beacon 中夹带有下一个 DTIM 时槽的信息；当客户端听到 Beacon 信号时，就会接收该广播和组播信息。默认值为 1。

开启 WMM：开启 WMM 后路由器具有无线服务质量（QoS）功能，可以对音频、视频数据优先处理，保证音频、视频数据的优先传输。推荐勾选此项。

开启 Short GI：选择此项可以使路由器接收和发送短帧间隔数据包，提高路由器的传输速率，推荐勾选。

开启 AP 隔离：选择此项可以隔离关联到 AP 的各个无线站点。

完成更改后，单击"保存"按钮。

● 主机状态

此页面显示连接到本无线网络中的所有主机的基本信息。选择菜单"无线设置"→"主机状态"，可以在图 3-117 所示的界面中查看当前连接到无线网络中的所有主机的基本信息。单击"刷新"按钮，可以更新列表中的条目信息。

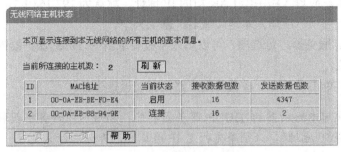

图 3-117　无线网络主机状态

MAC 地址：显示当前已经连接到无线网络的主机的 MAC 地址。

当前状态：显示当前主机的运行状态。

接收数据包数、发送数据包数：显示当前主机接收和发送的数据包的总数。

5．DHCP 服务器

DHCP 即 Dynamic Host Control Protocol，动态主机控制协议。TL-WR740N 有一个内置的 DHCP 服务器，可以实现局域网内的计算机 IP 地址的自动分配。

选择菜单 DHCP 服务器，可以看到图 3-118 所示界面。

单击菜单中的某个子选项，即可进行相应的功能设置，下面将详细讲解各子选项的功能。

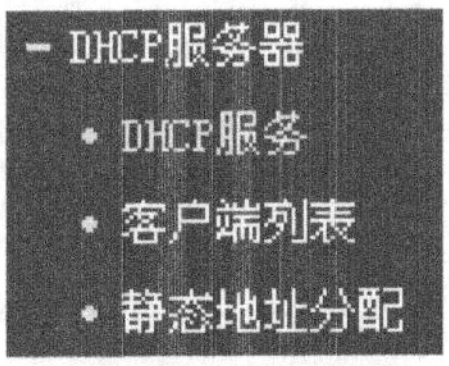

● DHCP 服务

如果启用了 DHCP 服务功能，并将计算机获取 IP 的方式设为"自动获得 IP 地址"，则当打开计算机时，DHCP 服务器会自动从地址池中分配未被使用的 IP 地址到的计算机，而不需要手动进行设置。

```
─ DHCP服务器
 • DHCP服务
 • 客户端列表
 • 静态地址分配
```

图 3-118　DHCP 服务器菜单

选择菜单"DHCP 服务器"→"DHCP 服务"，将看到 DHCP 设置界面，如图 3-119 所示。

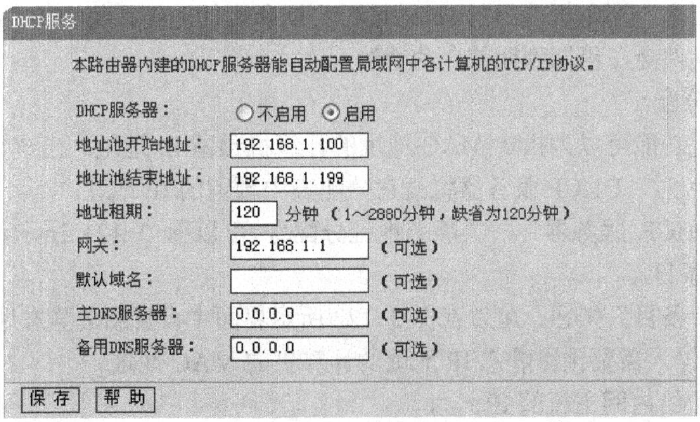

```
DHCP服务

本路由器内建的DHCP服务器能自动配置局域网中各计算机的TCP/IP协议。

DHCP服务器：      ○不启用 ⊙启用
地址池开始地址：   192.168.1.100
地址池结束地址：   192.168.1.199
地址租期：        120  分钟（1～2880分钟，缺省为120分钟）
网关：            192.168.1.1    （可选）
默认域名：                       （可选）
主DNS服务器：      0.0.0.0        （可选）
备用DNS服务器：    0.0.0.0        （可选）

保存  帮助
```

图 3-119　DHCP 服务

DHCP 服务器：选择是否启用 DHCP 服务器功能，默认为启用。

地址池开始/结束地址：分别输入开始地址和结束地址。完成设置后，DHCP 服务器分配给内网主机的 IP 地址将介于这两个地址之间。

地址租期：即 DHCP 服务器给内网主机分配的 IP 地址的有效使用时间。在该段时间内，服务器不会将该 IP 地址分配给其他主机。

网关：可选项。应填入路由器 LAN 口的 IP 地址，默认为 192.168.1.1。

默认域名：可选项。应填入本地网域名，默认为空。

主/备用 DNS 服务器：可选项。可以填入学校要求给的 DNS 服务器或保持默认，若不清楚可咨询的学校。

完成更改后，单击"保存"按钮并重启路由器使设置生效。

注意：若要使用本路由器的 DHCP 服务器功能，局域网中计算机获取 IP 的方式必须设置为"自动获得 IP 地址"，必须事先指定 IP 地址池的开始和结束地址。

● 客户端列表

客户端列表显示当前所有通过 DHCP 服务器获得 IP 地址的客户端主机的相关信息，包括客户端名、MAC 地址、所获得的 IP 地址及 IP 地址的有效时间。

选择菜单"DHCP 服务器"→"客户端列表"，可以查看客户端主机的相关信息；单击"刷新"按钮可以更新表中信息，如图 3-120 所示。

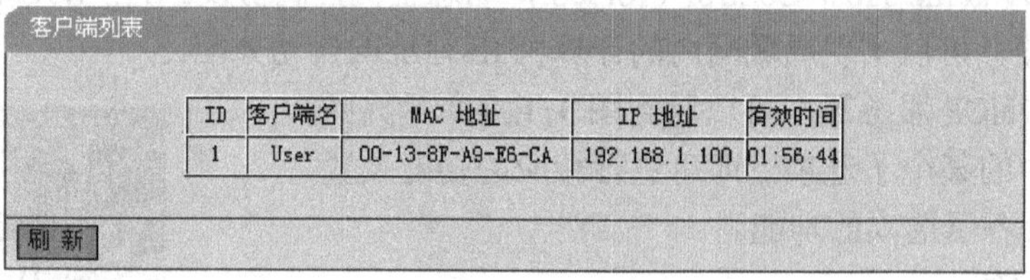

图 3-120　客户端列表

客户端名：显示获得 IP 地址的客户端计算机的名称。

MAC 地址：显示获得 IP 地址的客户端计算机的 MAC 地址。

IP 地址：显示 DHCP 服务器分配给客户端主机的 IP 地址。

有效时间：指客户端主机获得的 IP 地址距到期所剩的时间。每个 IP 地址都有一定的租用时间，客户端软件会在租期到期前自动续约。

● 静态地址分配

静态地址分配功能可以为指定 MAC 地址的计算机预留 IP 地址。当该计算机请求 DHCP 服务器分配 IP 地址时，DHCP 服务器将给它分配表中预留的 IP 地址。

选择菜单"DHCP 服务器"→"静态地址分配"，可以图 3-121 所示界面中查看和编辑静态 IP 地址分配条目。

单击"添加新条目"按钮，可以在图 3-122 所示界面中设置新的静态地址分配条目。

MAC 地址：输入需要预留静态 IP 地址的计算机的 MAC 地址。

IP 地址：预留给内网主机的 IP 地址。

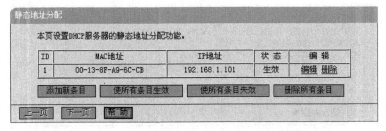

图 3-121 静态地址分配

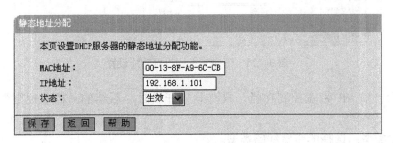

图 3-122 添加静态地址条目

状态：设置该条目是否生效。只有状态为生效时，本条目的设置才生效。

举例：如果希望给局域网中 MAC 地址为 00-13-8F-A9-6C-CB 的计算机预留 IP 地址 192.168.1.101。这时可以按照如下步骤设置。在图 3-112 界面中单击"添加新条目"按钮。

在 图 3-112 界面中设置 MAC 地址为 " 00-13-8F-A9-6C-CB "，IP 地址为 "192.168.1.101"，状态为"生效"。

单击"保存"按钮，可以看到设置完成后的静态地址分配列表如图 3-121 所示。

重启路由器使设置生效。

6. IP 带宽控制

带宽控制功能可以实现对局域网计算机上网带宽的控制。在带宽资源不足的情况下，通过对各类数据包的带宽进行控制，可以实现带宽的合理分配，达到有效利用现有带宽的目的。通过 IP 带宽控制功能，可以设置局域网内主机的带宽上下限，保证每台主机都能通畅地共享网络，并在网络空闲时充分利用网络带宽。

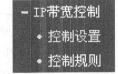

图 3-123 IP 带宽控制菜单

选择菜单 IP 带宽控制，可以看到图 3-123 所示界面。

单击菜单中的子项即可进行具体的设置，下面将详细讲解各子项的功能和设置方法。

带宽设置分为"上行总带宽"和"下行总带宽"。上行总带宽是指所有内网计算机同时上传数据时占用的总带宽，由学校要求的大小决定。下行总带宽则指所有内网计算机同时下载数据时占用的总带宽。通常学校要求的带宽指的是"下行总带宽"，如"1M"等。通过控制设置，可以对上行、下行总带宽分别进行设置。

选择"IP 带宽控制"→"控制设置"，将进入图 3-124 所示界面。本页主要对 IP 带宽控制的开启与关闭进行设置。

开启 IP 带宽控制：

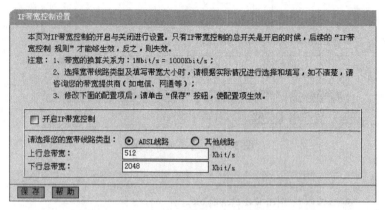

图 3-124　IP 带宽控制设置功能设置

选择是否开启 IP 带宽控制功能，只有此处开启时，后续的"控制规则"设置才能够生效。

选择带宽类型：选择的带宽线路类型。

上行总带宽：请输入希望路由器通过 WAN 口提供的上传速率，最大值为 100000Kbit/s。

下行总带宽：请输入希望路由器通过 WAN 口提供的下载速率，最大值为 100000Kbit/s。

　注意：为了使 IP 带宽控制达到最佳效果，请设置正确的线路类型，并向学校了解线路的上行/下行总带宽。

● 控制规则

在控制规则中，可以设置局域网计算机的上下行带宽参数，满足局域网中每台主机的上网需求。选择"IP 带宽控制"→"控制规则"，将进入图 3-125 所示界面。控制规则分为控制规则列表和控制规则配置。

图 3-125　IP 带宽控制规则列表

ID：规则序号。

描述：显示描述的信息，包括地址段、传输层的端口段和协议。

上行带宽：表示主机发送数据时占用的带宽，此处显示 WAN 口允许的最大上传速度限制和最小上传速度保证，为 0 时表示采用默认值。输入范围为 0～100000Kbit/s。

下行带宽：表示主机接收数据时占用的带宽，此处显示 WAN 口允许的最大下载速度限制和最小下载速度保证，为 0 时表示采用默认值。输入范围为 0～100000Kbit/s。

启用：显示规则的状态，选中该复选框则表示该规则生效。

配置：对相应的规则进行编辑或删除。

当单击控制规则列表中的添加新条目或编辑按钮时，将进入图 3-126 设置界面。在控制规则配置中，可以创建新的 IP 带宽控制规则或修改已存在的规则，配置的结果将在图 3-125 中显示。

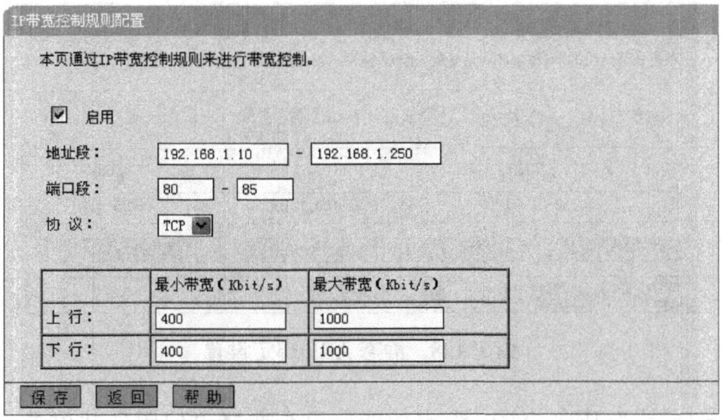

图 3-126　带宽控制规则配置

启用：选择是否启用该规则。

地址段：请输入内部主机的地址范围。当全部为空或为 0.0.0.0 时表示该域无效。

端口段：通过设置端口段，可以限制主机访问网络的端口范围。一般浏览网页的端口为 "80"，而登录 QQ 的端口则为 1500 左右。可以在此输入内部主机访问外部服务器的端口范围，当全部为空或为 0 时表示该域无效。普通用户可以不用设置"端口段"。

协议：请输入传输层采用的协议类型，这里有 ALL（任意匹配）、TCP 和 UDP；该域只有在端口段选中下才有效。

上行带宽、下行带宽：上行带宽表示主机发送数据时占用的带宽，下行带宽则表示主机接收数据时占用的带宽。通常，上行带宽远远小于下行带宽，下行带宽的设置则需参考总带宽和主机数量以及内网计算机的上网需求。

7. IP 与 MAC 绑定

IP 与 MAC 绑定，可以有效防止 ARP 攻击，维护局域网用户的上网安全。

选择菜单 IP 与 MAC 绑定菜单，可以看到图 3-127 所示界面。

图 3-127　IP 与 MAC 绑定菜单

单击菜单中的子选项即可进行具体的设置，下面将详细讲解两个子选项的功能和设置方法。

● 静态 ARP 绑定设置

静态 ARP 绑定即 IP 与 MAC 绑定，是防止 ARP 攻击本路由器的有效方法。

路由器在局域网内传输 IP 数据包时是靠 MAC 地址来识别目标的，因此 IP 地址与 MAC 地址必须一一对应，这些对应关系靠 ARP 映射表来维护。ARP 攻击可以用伪造的信息更新路由器的 ARP 映射表，破坏表中 IP 地址与 MAC 地址的对应关系，使路由器无法与相应的主机进行通信。

静态 ARP 绑定将主机的 IP 地址与相应的 MAC 地址进行绑定，可以有效防止 ARP 列表被错误的 IP MAC 对应信息更替。

选择菜单"IP 与 MAC 绑定"→"静态 ARP 绑定设置"，可以在图 3-128 所示界面中设置静态 ARP 绑定条目。

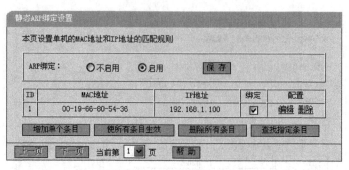

图 3-128　静态 ARP 绑定设置

ARP 绑定：选择是否开启 ARP 绑定功能，只有选择"启用"并单击"保存"按钮后，列表中的设置才能生效。

单击"增加单个条目"按钮，可以在图 3-129 所示界面中设置新的静态 ARP 绑定条目。

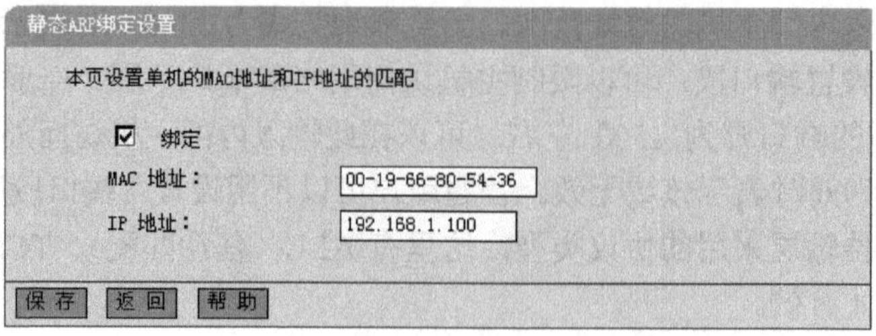

图 3-129　添加静态 ARP 绑定条目

绑定：设置本条目状态，只有选中该选项，该条绑定条目才能生效。

MAC 地址：输入被绑定主机的 MAC 地址。

IP 地址：输入被绑定主机的 IP 地址。

● ARP 映射表

如上所述，IP 数据包在局域网内传输时是靠 MAC 地址来识别目标的，IP 地址与 MAC 地址必须一一对应，ARP 映射表就是用来存储与维护这些对应信息的。

选择菜单"IP 与 MAC 绑定"→"ARP 映射表"，可以在图 3-128 所示界面中查看 ARP 条目信息。

导入：将相应条目的 ARP 信息添加到图 3-128 界面的静态 ARP 绑定列表中。

全部导入：将当前 ARP 映射列表中所有条目的信息添加到图 3-128 界面的静态 ARP 绑定列表中。将当前绑定功能后才能单击。

在进行导入操作时，如果该条目与 ARP 静态绑定表中某条目冲突，则会显示冲突提示，而且不会导入该条目。

在进行全部导入操作时，如果同样存在条目冲突，则系统会忽略冲突条目，将其他没有冲突的条目添加到 ARP 静态绑定列表中。

举例：假如局域网内计算机的静态 IP 地址为 192.168.1.100 和 MAC 地址 00-19-66-80-54-36，为防止 ARP 攻击影响计算机的正常通信，可以通过以下方法进行 ARP 绑定操作。

方法一：

在图 3-128 所示启动 ARP 绑定并单击"保存"按钮，单击"增加单个条目"按钮。按图 3-129 所示进行设置。单击"保存"按钮，可以看到设置完成后的 ARP 绑定条目，如图 3-130 所示。

方法二：

在图 3-130 所示界面中找到 IP 地址 192.168.1.100 和 MAC 地址 00-19-66-80-54-36，对应的条目，单击相应的导入按钮。返回图 3-128 所示界面，在列表中选中导入条目对应的"绑定"。启用 ARP 绑定并单击"保存"按钮。

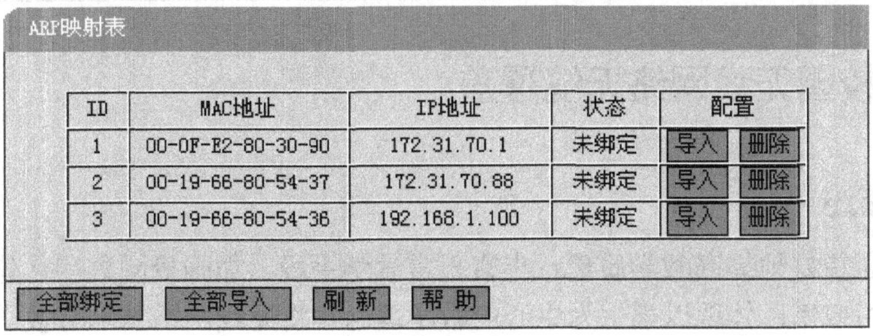

图 3-130　ARP 映射表

提示：此处的 ARP 绑定保证上网安全，还需在自己的计算机上绑定路由器 LAN 口的 IP MAC 地址，建议使用 ARP 防火墙来实现此功能。

● 应用测试

在会场中，使用移动终端对设置好的 SSID 进行连接测试。根据应用需求测试信号强度及稳定性。

3.4.4　任务评价

校园多功能厅无线网络环境搭建任务评价表如表 3-5 所示。

表 3-5　校园多功能厅无线网络环境搭建任务评价表

项目 3　组建 Wi-Fi 无线局域网　任务评价表					
任 务 名 称		任务 3.4、校园多功能厅无线网络环境搭建			
班　　级			小　　组		
评价要点	评价内容		分　　值	得　　分	备　　注
基础知识 （20 分）	是否明确工作任务、目标		5		
	Wi-Fi 路由器的指示灯有哪些		5		
	Wi-Fi 路由器有哪些接口		10		

项目 3 组建 Wi-Fi 无线局域网 任务评价表			
任 务 名 称	任务 3.4、校园多功能厅无线网络环境搭建		
任务实施 （60分）	Wi-Fi 无线路由器 WAN 口的设置	20		
	Wi-Fi 路由器无线的设置	20		
	Wi-Fi 路由器开启 IP 带宽控制功能	20		
操作规范 （20分）	遵守机房工作和管理制度	5		
	各小组固定位置，按任务顺序展开工作	5		
	按规范使用操作，防止损坏实验设备	5		
	保持环境卫生，不乱扔废弃物	5		
合 计			

任务 3.5　校园无线网络无缝覆盖

3.5.1　任务描述

　　某中学为了更好地提高教学质量，丰富日常教学手段，加强校园数字化建设，提高学生在校学习的学习效率，体现以学生为中心的教学理念，将无线网络技术与教学技术进行有机结合，引入无线管理系统。在此工程中，全校无线网络的无缝覆盖成为整个系统稳定运行的基础。因此本项目的建设目标为：在全院进行无线网络覆盖（包括南北教学楼、实验楼、学生楼、运动馆、食堂、礼堂和室外操场等多个区域）。

3.5.2　必要知识准备

3.5.2.1　POE

　　POE（Power Over Ethernet）指的是在现有的以太网 Cat.5 布线基础架构不作任何改动的情况下，在为一些基于 IP 的终端（如 IP 电话机、无线局域网接入点 AP 和网络摄像机等）传输数据信号的同时，还能为此类设备提供直流供电的技术。POE 技术能在确保现有结构化布线安全的同时保证现有网络的正常运作，最大限度地降低成本。

3.5.2.2　信道干扰

　　无线局域网以及其他无线技术在相同的未经许可的频谱中以惊人的速度被广泛部署，正在迅速增加 Wi-Fi（802.11）产品的射频（RF）干扰，从而影响到无线局域网（WLAN）的数据吞吐性能。同时，面对多媒体音频与视频、流媒体、WLAN 语音及其他需要服务质量（QoS）功能和低分组错误率的新型 WLAN 应用，市场急需更高的数据吞吐量。由于 WLAN 设备所处环境中的带内及邻道干扰不断增加，一方面通过提高无线电及数字过滤的设计技术，二是改善电磁污染环境。后者在现阶段更具可行性。

　　IEEE802.11b/g 工作在 2.4～2.4835GHz 频段（如无特别说明，本文所涉及的频段或信道仅对中国采用的标准，目前中国普遍的标准为欧标 ETSI），这些频段被分为 11 或 13 个信道。802.11a 工作在 5150～5350、5725～5825MHz 频段，被分为 8～13 个信道。2.4G 频段位于扩频数据通信和工业、科学及医疗（ISM）设备工作频段，因而让 WLAN 的信道特性更具复杂性。

2.4～2.4835GMHz 被划分有 11 个信道，信道数因各国政府划归的频段有关，频段越宽，其信道数也相应增加，如日本增加了 2.471～2.497GHz，其信道数为 14。注意信道带宽并不是=总带宽÷信道数。不管哪个地区标准，每个信道带宽均为 5MHz，且信道频带所在范围都是一样的。

802.11b 和 802.11g 中只有 3 条是非重叠信道：信道 1、6 和 11。在理想状态下，这个信道 1、6 和 11 永远不会与同一信道相邻，这样它们就不会相互干扰，但却是不现实的。上节所述特性中的各种损耗以及相互之间的漫游协议都会产生一定量的频率覆盖重叠。802.11a 的 8～13 个的非重叠信道可以在很大程度上缓解信道分配带来的问题。同时 802.11a 尚未大规模普及，其使用的 5GHz 频带比较清静，这就有效降低邻道干扰几率，而且信道数多用户也不太可能遇到相邻 802.11a 接入点，802.11a 具有较强的优势。

在此需特别说明的是，很多人都以为信道是按频带平均间隔分布的，事实并非如此，如图 3-131 所示，1、6、11 信道位于频谱的两端和中央，所以说是非重叠的信道，而其他信道都与相邻信道重叠。如信道 2 与信道 1 和信道 3 是重叠的。每个信道的带宽为 22MHz，试运算可知若不重叠则所有信道带宽总和远远大于各国分配的带宽数量。

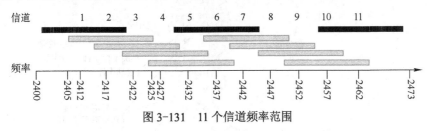

图 3-131　11 个信道频率范围

中国实行欧洲标准，但是市场上 11 和 13 信道的产品都有，其主要原因是 WLAN 主芯片是进口的，自主权自然不多。但是无论何种标准，IEEE 规范中 802.11b/g 其频段中心间隔都为 5MHz。802.11a 工作在 5GHz 频段，802.11a 的优点是 5GHz 在全球频宽较大（不像 2.4G）。较宽的频段意味着更多的无线信道共存而不致引发冲突，每个无线信道负责协调同一网络中的分离子网或交换网段的通信。

一般而言，在北美地区有 13 个信道（包括 U-NII 和 ISM 频段），在欧洲有 8～19 个信道，在亚洲有 5～12 个信道，中国是 8 个信道。信道越多，总传输率越高；信道带宽越低，受干扰机会越大。

邻道抑制（Adjacent Channel Rejection，ACR）和邻道干扰（Adjacent Channel Interference，ACI）

WLAN 在未来将会受到越来越多的干扰，AP 及其工作站性能会受到附近的未经授权的工作在同一信道的 AP 或工作站干扰，当 WLAN 普及程度越高，出现这种情况的机会随之增高。正如黑客们使用的"AP 欺骗"，不小心自己的 AP 就干扰了他人。非授权的 AP 和子站是产生邻道干扰的重要因素。邻道抗干扰技术是当前制约 WLAN 发展的重要因素。

如上所述，干扰经常来自同信道或相似频段，802.11 设备的 RF 子系统和数字滤波的设计也影响 AP 或子站的性能。此外，物理设计能够克服同信道产生的反射干扰，邻道干扰主要取决于系统的信号干扰比（信干比：该比率的定义是数据信号与干扰信号的比率，S/I）指标，S/I 定义是数据信号与干扰信号的比率，通常，S/I 比 SNR（信噪比）更常用来评价 WLAN 的设计性能。S/I 的大小将对 WLAN 数据的吞吐量造成决定性影响。

未来的 WLAN 设备会广泛采用邻信道抑制技术（ACR）来克服邻道干扰。

● 重叠覆盖，干扰最严重区域

AP 之间须使用不同的无线信道的现状在未来极有可能会改变，多家公司正在致力于邻 AP 都能使用同信道传输数据的技术。

图 3-132 说明了两相邻 AP 产生干扰的问题。当 AP 距离很近时，热噪声与路径损失成为重要因素。强度取决于它们的功率大小，信号离其母 AP 源越近，其强度越大，在相互覆盖的区域由信号的强度决定干扰程度，当两信号强度相似时，带内 RF 干扰使 AP 重复覆盖区域范围内失效。

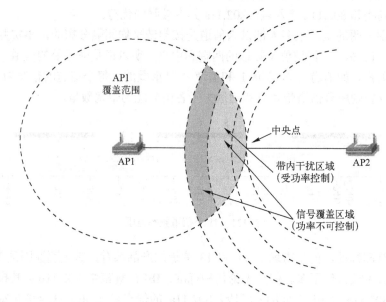

图 3-132　邻近的 AP 之间产生带内干扰

当然，WLAN 网络的抗干扰程度还不是很糟。使用扩频调制后，能降低受干扰的可能性。扩频信号工作在数兆或上百兆的频带上，传统的窄带干扰只能影响到扩频信号的一部分，产生错误的几率极低。窄带干扰信号干扰率不低于 10dB，一般不会影响扩频传输。

此外，802.11a/g 采用了 OFDM 技术，OFDM 可打破无线信道，将高速率的数据流分成一些同时在若干子载波上传输的较低速率数据流，在并行子载波中用较低的数据率增加信号持续时间，并可以相继的 OFDM 信号插入足够长的保护间距，因而具有非常强的邻道抗干扰能力，大大提升了 WLAN 的速度和整体信号质量。

真正的威胁是宽带干扰，微波炉是一种，而 AP 本身更是重要干扰源。

● 预防信道干扰

预防邻道抑制和邻道干扰主要有如下几种。

1. 正确分配信道

邻近的 AP 也是干扰无线信号的主要原因，AP 之间必须工作在不同的无线信道上。为了实现频率复用，需要进行无线信道规划，尽量避免干扰。使用 netstumbler 等软件，侦测附近有没有 AP 信号源，如有还可以侦测出使用哪条信道，随时进行切换，避免自己的 AP 使用该信道。

802.11b/g 干扰严重的本质是处于 ISM 频带内，以及其规定的信道布置特征，可算是物理属性而存在的，即使其防干扰技术再先进，也难于彻底解决干扰问题。

早期 AP 产品的信道是要手动选择的，现在不少产品会自动侦测信道，寻找并选择最合适的信道，如 ORiNOCO AP-2000、D-link DI-724P+等产品。Proxim 等产品中称为 Dynamic Channel Allocation（DCA，动态信道分配），在 3COM 产品中称为 Clear Channel Select（畅通信道选择），在配置信道选择时，旁边若有动态信道选择的选择框，勾选即可支持。

2．改善电磁和物理环境

电磁干扰源主要有两方面：

1）蓝牙、手提电话和微波炉工作在 2.4G 或 5.XGHz 频段的设备；低能量 RF 光源等。蓝牙、微波炉等宽带类型的设备对 WLAN 设备干扰最严重。前面说过，窄带干扰可以通过设备防止，而宽带干扰则极难做到。

2）邻近的其他 AP 和子站等 802.11 的设备。

良好的 WLAN 电磁环境应尽量远离上述设备，屏蔽性能不好的微波炉要远离 AP 10m 之外才不能干扰到无线信号。

物理环境是指阻碍物等因素，信道利用率受传输距离和空旷程度的影响，当距离远或者有障碍物影响时会存在隐藏终端问题，降低信道利用率。

3．增加信号强度

增加信号发射功率能有效降低 AP 或客户端的同道干扰。但是受政府管制并且危及人身安全，这条不建议采用。

根据卫生部《环境电磁波卫生标准》9GB 9175-88）的规定要求，频率 300MHz～300GHz 频段内，基站发射天线在居民覆盖区内，射频辐射要求小于 0.1W/m^2。规定 WLAN 产品的发射功率不能高于100mW。

3.5.3 任务实施

3.5.3.1 需求分析

布点数量较多，给部署调试带来极大困难，因此需要使用统一管理的 AP 部署方式；布线涉及强弱电改造，尽量减少对现有业务的影响成为了施工的重点，因此选用 POE 交换机对部署 AP 进行反相供电，无需另布强电线缆。

由于有室外操场区域，因此需要在楼顶布设室外天线，附配定向栅格天线，同时考虑避雷问题，将室外区域分区，用定向天线逐一覆盖。

3.5.3.2 现场勘查

根据现场情况，需要仔细考虑信道干扰和信号场强问题。

无遮挡情况下无限信号大约可以传输 100m 左右，但经过不同建筑物对其信号的衰减就有所不同，一般情况下，在信号需求不是十分苛刻的情况下，每个无线覆盖点距离 AP 的距离最大不得超过两堵承重墙，最好在 1.5m 以内。

信道 1、6、11 是互不重叠信道，因此利用这些信道部署 AP 点位，使其覆盖区域不可重合。

根据学校提供的平面图和我们勘查的实际情况，场勘图如图 3-133～图 3-141 所示。

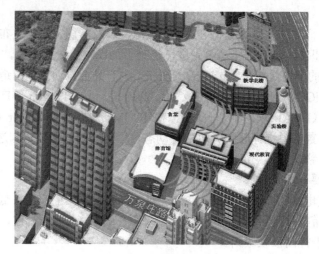

图 3-133　室外部署

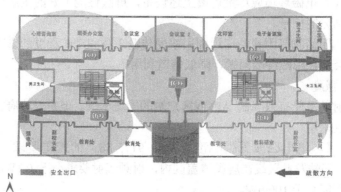

图 3-134　南教学楼

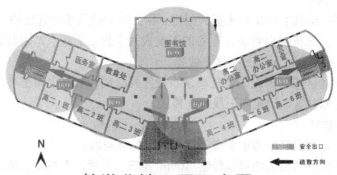

图 3-135　北教学楼

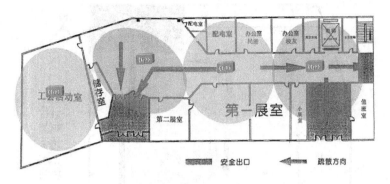

实验楼一层示意图

图 3-136　实验楼

留学生楼---AP部署示意图（一层）

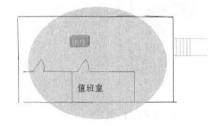

图 3-137　留学生公寓

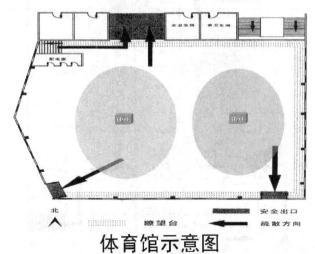

体育馆示意图

图 3-138　体育馆

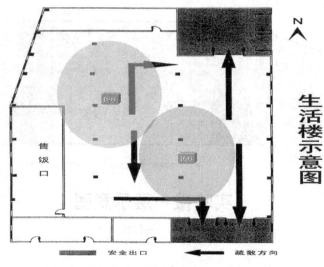

图 3-139 食堂

礼堂---AP 部署示意图

图 3-140 礼堂

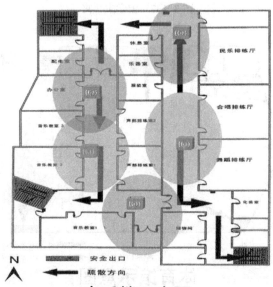

图 3-141 音乐楼及休息室

3.5.3.3　AP 安装

1. 安全注意事项

为保证无线 AP 正常工作和延长使用寿命，请遵从以下的注意事项。

1）将设备放置于通风处。

2）避免设备处于高温环境。

3）将设备信号远离高压电缆。

4）将设备安装在室内。

5）将设备远离强雷暴、强电场环境。

6）将设备保持清洁，防止灰尘污染。

7）在清洁设备前，请将电源拔下。

8）禁用湿布擦拭设备、禁用液体清洗。

9）不要在设备工作时打开机壳。

10）确保电源与设备电压相符。

11）将设备固定牢固。

2. 安装无线 AP

注意

1）在安装或移动无线 AP 的时候，请确保断开电源。

2）请确保安装螺钉牢固可靠。

3）请确保无线 AP 的安装位置以便于观察指示灯状态。

3. 安装导管及螺钉

安装时请使用推荐尺寸的螺钉和安装导管，具体推荐尺寸如图 3-142 和图 3-143 所示。

直通膨胀管：M7×ϕ4.5×28（mm）。

螺钉：4×20PABC（mm）。

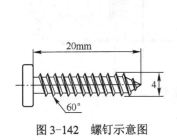

图 3-142　螺钉示意图　　　　　　图 3-143　导管示意图

4. 安装步骤

在墙上所打的 4 个壁挂孔的大小及深度，请根据所选安装导管及螺钉的尺寸自行判断，需确保安装导管能够置入孔内，仅留安装导管外沿在墙外，且拧入螺钉后可以将螺钉紧固在墙上，如图 3-144 所示。

1）先在墙上打 4 个直径为 5mm 左右的孔，间距为 120×275mm 的长方形的 4 个顶角。

2）将安装导管置入孔内，并使安装导管外沿与墙面齐平。

3）将壁挂用螺钉固定在墙壁或顶棚上。

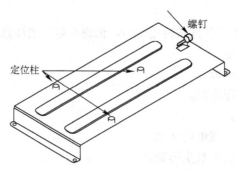

图 3-144　螺钉及定位柱位置示意图

4）将无线 AP 底面的 3 个孔对准壁挂上的 3 个定位柱扣紧，然后将 AP 背对壁挂螺钉方向拉 8mm。

5）将壁挂上的螺钉拧紧，直至顶到 AP 的测边孔上。

注意

如果是将 AP 挂在竖直平面上，请将壁挂有螺钉的一端置于下方。

5．检验设备状况

AP 设备有两种供电方式：1）POE 供电；2）48V 适配器供电。

（1）采用 POE 供电方式

采用 POE 供电方式的时候，首先要确保连接以太网的另一端具有 802.11af 或 802.11at POE 供电能力。然后将以太网线缆连接到 AP 设备的以太网口（最高支持 1000M）。见图 3-145 的标志 6。

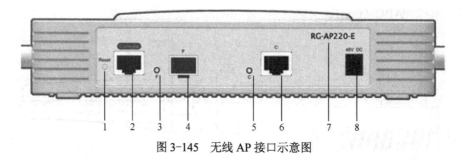

图 3-145　无线 AP 接口示意图

（2）采用适配器供电

采用适配器供电的时候，请注意采用设备厂商推荐的适配器。

6．检验设备上电状况

AP 设备上电之后，如果设备正常，上盖的 STATUS 灯会先显示绿灯闪烁，过 30s 左右，变为绿灯常亮。STATUS 状态灯位置见图 3-146 的标志 2。上盖的 RADIO 灯将会显示绿色（工作于 2.4G），见图 3-146 的标志 1 和 3。将千兆以太网连接到 AP 设备的以太网口上会有灯亮或闪烁（1000M 为绿色，100M/10M 为黄色，只 link 为绿色常亮，数据传输为闪烁）。

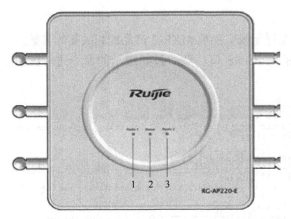

图 3-146　无线 AP 状态灯位置示意图

7．常见故障分析

（1）上电后状态灯不亮

1）POE 供电：请检查确认连接线的另一端是否至少满足 802.11af 供电方式，然后检查线缆是否连通正常。

2）适配器供电：检测适配器是否有市电输入，然后检查适配器是否正常工作。

（2）接上以太网线缆后，以太网口灯不亮或闪烁

检查以太网的另一端设备是否正常工作，然后检测以太网线缆是否满足当前工作速率的能力，并且确认线缆是否连通正常。

（3）用户发现不了 AP

1）先检查以上两步骤。

2）检查 AP 是否配置正确。

3）调整 AP 设备天线角度。

4）移动用户客户端，调整客户端与 AP 的距离。

3.5.3.4　中心配置

模拟连接拓扑如图 3-147 所示。

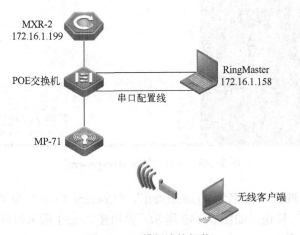

图 3-147　模拟连接拓扑

● 配置过程

1）通过 Console 配置无线交换机 MXR-2 产品的相关初始参数。

连接上 MXR-2 的 Console 口，然后按照图示的命令进行配置。完成 MXR-2 的初始配置。

```
MXR-2# quickstart
This will erase any existing config. Continue? [n]: y
Answer the following questions. Enter '?' for help. ^C to break out
System Name [MXR-2]: mxr-2
Country Code [US]: cn
System IP address []: 172.16.1.199
System IP address netmask []: 255.255.255.0 ◄── IP地址与PC的地址在同一网段内
Default route []: 172.16.1.1
Do you need to use 802.1Q tagged ports for connectivity on the default VLAN? [n]: n
Enable Webview   [y]: y
Admin username [admin]: admin
Admin password [mandatory]:
Enable password [optional]: [          ] ◄── 密码输入时不显示
Do you wish to set the time? [y]: n
Do you wish to configure wireless? [y]: n
success: created keypair for ssh
success: Type "save config" to save the configuration
*mxr-2# save configuration
success: configuration saved.
mxr-2#
```

2）配置无线网络集中管理平台软件 RingMaster 来完成对 MX 和 MP 产品的管理，打开 RingMaster 软件，选择菜单中的"Servers"选项下的"Plan Management"，如图 3-148 所示，弹出如下 IE 页面。

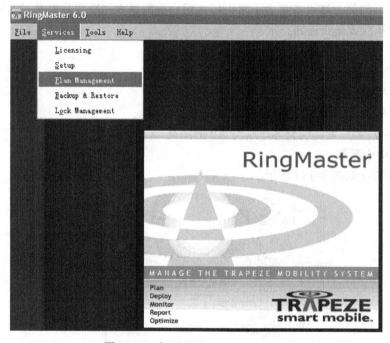

图 3-148　打开"Plan Management"

建立一个新的"Plan"，命名为"Qucikstart"，"Country Code"为 CN，选择"Open this plan"，单击"Create"按钮，如图 3-149 所示。弹出图 3-150 所示的页面，该页面显示了该 Plan 的具体信息。回到 RingMaster 界面，选择"File"→"Connect"，如图 3-151 所示。

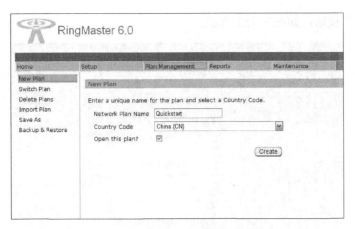

图 3-149　创建 Plan

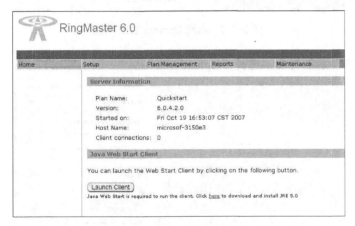

图 3-150　Plan 信息

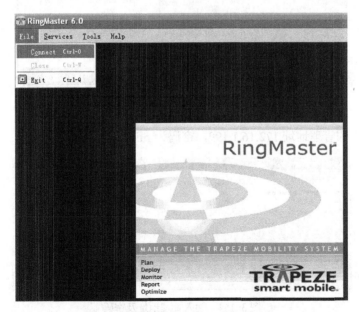

图 3-151　选择 "File" → "Connect"

单击"Next"按钮，如图 3-152 所示。

图 3-152　启动 Connect 后的界面

得到图 3-153 所示的界面，选择"Upload MX"。

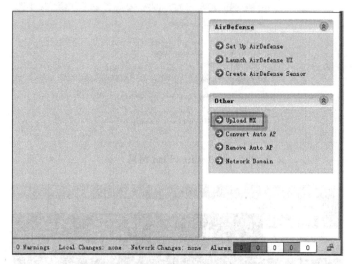

图 3-153　选择"Upload MX"按钮位置

输入 MXR-2 的管理地址 172.16.1.199，密码为 ruijie，如图 3-154 所示。

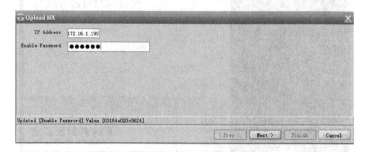

图 3-154　输入管理地址及密码

上传成功界面，单击"Next"按钮，如图 3-155 所示。

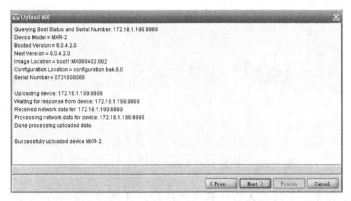

图 3-155　上传成功界面，单击"Next"按钮

此时，该无线交换机 MXR-2 已被成功添加，如图 3-156 所示。

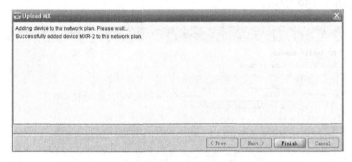

图 3-156　添加完成界面，单击"Finish"按钮

3）开始无线接入点 AP 接入点，此处以 MP-71 为例添加，如图 3-157 左、图 3-157 右和图 3-158 所示。

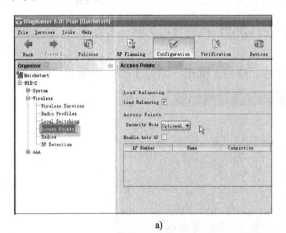

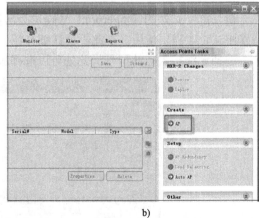

a)　　　　　　　　　　　　　　　　　　　　　　　b)

图 3-157　创建 AP

a) 左　b) 右

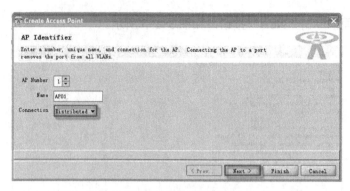

图 3-158　选择 Distributed 后单击"Next"按钮

无线交换机需要先与无线接入点实现合法注册，才能成功识别无线接入点的存在，继而实现加密隧道通信。

因此，在 MXR-2 上注册 MP-71 无线接入点，需要输入序列号 S/N（可从设备机壳背面的条码读出），如图 3-159 所示。

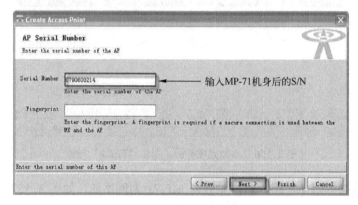

图 3-159　输入序列号 S/N

请注意，此处的 Fingerprint 号码也会出现在 MP-71 机身背后，但一般并不使用，只在特殊测试时才需要使用，在此不再详细介绍。

选择无线接入点的型号，此处可以选择 MP-71 和 11g 模式，如图 3-160 所示。

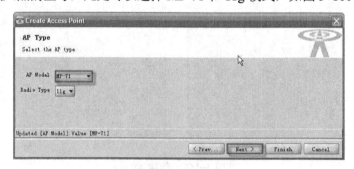

图 3-160　选择 AP Model

然后进入射频配置页面，由于初次配置以开通为目的，可以采用默认配置，信道及功率可以开通后再调整或由无线交换机自行自动调整（可开启 Auto RF 功能），在此，请直接单击"Finish"按钮，如图 3-161 所示。

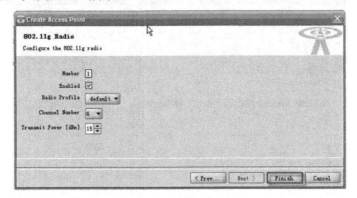

图 3-161　完成配置

4）开启 MXR-2 的 DHCP 服务器。

如图 3-162 所示，单击"Properties"按钮。

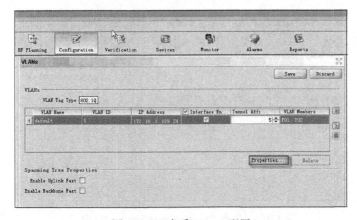

图 3-162　查看 VLAN 配置

如图 3-163 所示，单击"DHCP Server"单选框。

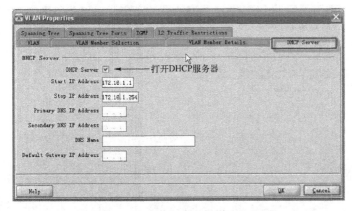

图 3-163　打开 DHCP 服务器

单击"Save"按钮保存设置，如图 3-164 所示。

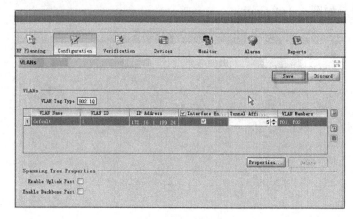

图 3-164　保存设置

5）使用"Wireless Servers"建立一个开放接入网络。

选择"Open Access Service Profile"，如图 3-165 所示。

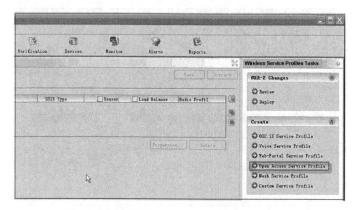

图 3-165　选择"Open Access Service Profile"

单击"Next"按钮，如图 3-166 所示。

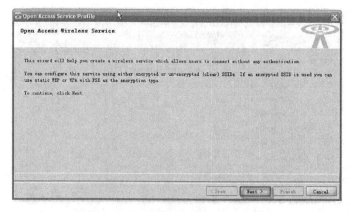

图 3-166　提示信息，单击"Next"按钮

输入 SSID，如图 3-167 所示。

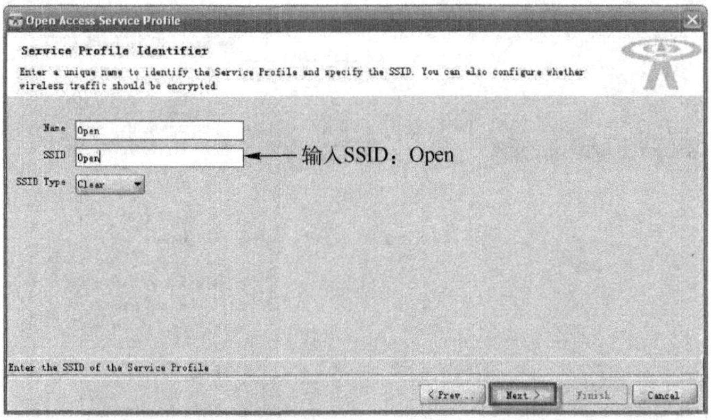

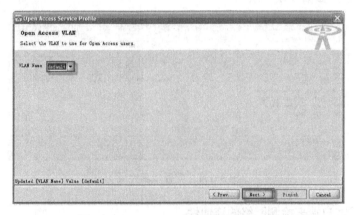

图 3-167　输入 SSID

单击"Next"按钮，如图 3-168 所示。

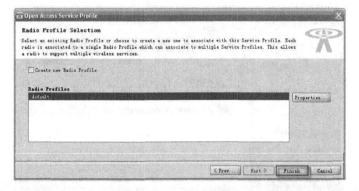

图 3-168　VLAN Name 选择"Default"

单击"Finish"按钮，如图 3-169 所示。

图 3-169　完成设置

单击"Deploy"按钮，如图 3-170 所示。

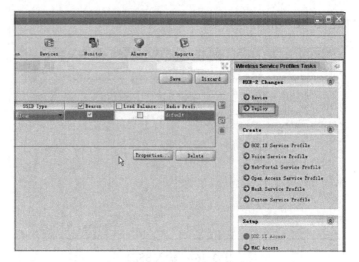

图 3-170　部署已设置好的参数

配置步骤完成，如图 3-171 所示。

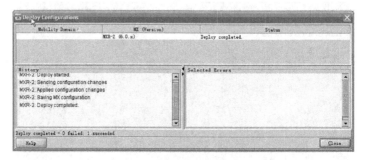

图 3-171　配置步骤完成

6）通过无线客户端来检测网络的连通性。

打开无线客户端的无线网卡搜寻无线网络，搜到 SSID 为"Open"的网络。能够成功连接上"Open"，如图 3-172 所示。

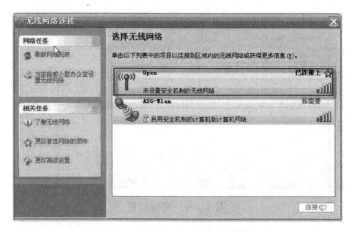

图 3-172　搜寻已配置好的网络

7) 测试联通性。

尝试 Ping 主机 172.16.1.158，如图 3-173 所示。能够 Ping 通，说明整个过程配置正确。

图 3-173　验证是否真正联通

● 补充说明

如果是大规模部署 AP，涉及 AP 的管理问题，采用 AP 的机身序列号来唯一标识一台 AP。同时在部署中，工程师们应该建立一张 AP 的位置分布图。一旦某台 AP 出现问题，通过 RingMaster 软件可以查找到故障 AP 的序列号，从而找到故障 AP 的位置。

3.5.4　任务评价

校园无线网络无缝覆盖任务评价表如表 3-6 所示。

表 3-6　校园无线网络无缝覆盖任务评价表

项目 3　组建 Wi-Fi 无线局域网 任务评价表					
任务名称		任务 3.5　校园无线网络无缝覆盖			
班　　级			小　组		
评价要点	评价内容		分　值	得　分	备　注
基础知识 （20分）	是否明确工作任务、目标		5		
	什么是 POE？		5		
	什么是信道干扰		10		
任务实施 （60分）	通过 Console 配置无线交换机的相关初始参数		20		
	配置无线网络集中管理平台软件		20		
	通过无线客户端来检测网络的连通性		20		
操作规范 （20分）	遵守机房工作和管理制度		5		
	各小组固定位置，按任务顺序展开工作		5		
	按规范使用操作，防止损坏实验设备		5		
	保持环境卫生，不乱扔废弃物		5		
合　　计					

项目 4　开通电信网络终端

【背景描述】

小张是北京信息科技开发有限公司负责公司内部网络设备的员工，随着公司的发展，公司内部员工通过网络与外部沟通信息的需求不断增加，小张需要使用互联网满足公司日益增加的网络需求，请随小张一起学习电信网络终端设备的开通、使用以及技术原理吧。

【学习目标】

学习目标 1：熟悉 GSM 与 GPRS 的相关知识，掌握 GSM/GPRS 无线模块开通与配置。

学习目标 2：熟悉 3G 的相关知识，掌握 3G 无线网卡的开通与配置。

【任务分解】

任务 4.1：GSM/GPRS 无线模块开通与配置。

任务 4.2：3G 无线网卡的开通与配置。

任务 4.1　GSM/GPRS 无线模块开通与配置

4.1.1　任务描述

小张公司要求有会议通知短信确认、短信日程提醒等功能。因此，小张了解到可以使用短信猫来满足公司需求，下面请看小张如何使用短信猫。

4.1.2　必要知识准备

4.1.2.1　短信猫概述

在需要批量发送短信时，短信猫是一种较好的选择。短信猫实际上是工业级的 GSM/GPRS 终端，它也需要插入手机 SIM 卡。在需要收发短信的时候，在短信猫里面插入一张平时用的 SIM 卡，插上电源，通过数据线（USB 或者串口、网口）和计算机相连，然后通过计算机里安装的应用管理软件就可以实现收发短信的功能。短信猫一般每小时可发送短信 800 条左右，比用手机发送短信更稳定、快捷。

4.1.2.2　短信猫相关概念

● GSM(global system for mobile communications)

由欧洲电信标准化协会提出的蜂窝无线电通信系统，后来成为全球性标准。主要有 GSM、DCS1800 和 PCS1900 三种系统。

● GPRS(General Packet Radio Service)

通用分组无线服务技术简称为 GPRS，它是 GSM 移动电话用户可以使用的一种移动数据业务。GPRS 可以说是 GSM 的延续。

● SMS(Short Message Service)

SMS 及短信是用户通过手机或其他电信终端直接发送或接收的文字或数字信息。用户每次能接收和发送有限字符数的短信，英文或数字字符是 160 个，中文字符是 70 个。

● SIM 卡(Subscriber Identity Module)

客户识别模块的缩写，也称为用户身份识别卡、智能卡。GSM 数字移动电话必须装上 SIM 卡方能使用。SIM 卡里的芯片上存储了数字移动电话客户的信息、加密的密钥以及用户的电话簿等内容，可供 GSM 网络进行客户身份鉴别，并对客户通话时的语音信息进行加密。

● GPRS MODEM

GPRS MODEM 也称为 GPRS 调制解调器，它是一种用于实现 GPRS 通信的调制解调设备。随着无线数据业务的快速发展，越来越多的设备开始要求具备无线通信能力，GPRS MODEM 也因此而诞生。

4.1.2.3　短信猫工作原理

短信猫收发短信的原理、资费和平常所用的手机是一样的。相对于手机来说，由于短信猫专注于短信的收发，所以其在短信收发时的速度要更快，可靠性也更高，具有实时发送等优点，在目前的企业短信中得到了较广泛地应用。一套完整的短信猫包含短信猫硬件和在计算机上使用的控制软件。

4.1.2.4　短信猫的基本应用

1）银行：短信客户关怀、短信账务变动通知等。

2）保险：保单查询、续费提醒、客户生日提醒和保费计算等。

3）企业办公：会议通知短信确认、短信日程提醒等。

4）销售数据采集：基于 GSM MODEM 实现销售数据的实时采集。

5）医院：短信挂号、住院病情通知和看病咨询短信等。

6）邮政行业：收汇确认通知、EMS 短信确认等。

7）制造业企业：短信 CRM、短信商品防伪。

8）物流行业：收单短信确认、到货短信确认和车辆调配等。

9）汽车销售服务中心：短信会员管理、保养提醒和活动通知等。

10）考试培训中心：培训通知、考分查询等。

11）电力：监控信息通知、客户缴费通知等。

12）酒店宾馆：短信会员管理等。

13）批发商贸公司：销售数据采集等。

14）房地产行业：房讯通知短信、节日问候短信和入住通知等。

15）报纸杂志：广告客户联系、读者联系。

16）电广传媒：短信竞猜、短信抽奖和短信互动。

17）商品流通业：商场促销活动通知、会员管理和供应商管理等。

18）证券投资咨询机构：发布股评短信、股票买卖通知短信和实时解盘短信等。

19）影戏院：短信影院信息查询、短信订票等。

20）餐饮行业：促销活动通知、VIP 客户管理和短信抽奖。

21）会员制俱乐部：活动通知、积分查询和客户关怀等。

22）移动运营商：VIP 客户管理、短信营销。

23）旅游公司：短信会员管理、旅游信息发布等。

24）证券营业部：中签短信通知、实时解盘资讯短信和股评短信等。

25）物业管理公司：客户关怀、缴费通知短信和小区公告短信等。

还有短信报警、远程控制、远程监控等。

4.1.2.5 短信猫特点与优势

1）集群发送：可同时自动向大量目标发送同一条信息。

2）省时高效：同一信息可同时向多个目标发送，且可以利用多台短信猫终端进行并行处理，从而节省了大量的时间。

3）分布广：信息发布对象的地理分布广，并且支持零散分布。

4）针对性强：信息发出后，只需要极短的时间即可传送到目标。

5）准确无遗漏：信息的发送工作由软件系统完成，避免了人工批量发送信息时可能出现的人为遗漏，保证了信息能准确及时地到达目标。

6）接收方便：信息通过目标随身携带的手机来接收，也可以使用 GSM(GPRS)MODEM 来接收。

7）经济：信息接收免费，发送费用依据各服务提供商的资费标准，且无长途和漫游等其他额外费用。

4.1.3 任务实施

4.1.3.1 短信猫的配置

短信猫在使用前需要经过配置后才能使用，配置过程如下。

1. 驱动安装

步骤 1：将短信猫天线组装好后，用 USB 线连接到计算机上。然后用鼠标右键单击"我的电脑"，选择"管理"菜单，弹出界面如图 4-1 所示。

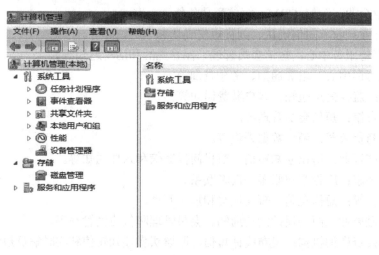

图 4-1　进入计算机管理界面

步骤 2：如图 4-2 所示，单击设备管理器，会看到有一未知设备，前面还有一个黄色叹号。

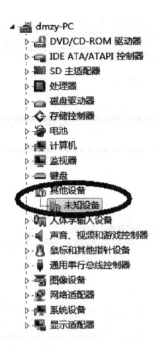

图 4-2　查看未知设备

在未知设备上用鼠标右键选择"更新驱动程序软件",在图 4-3 中红框所标示的内容上用鼠标单击左键。

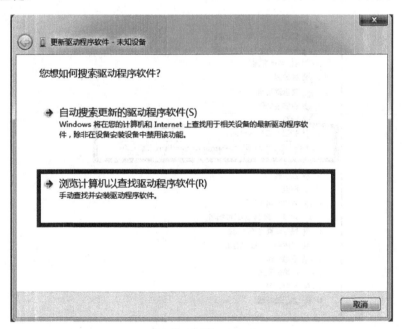

图 4-3　安装驱动程序

步骤 3：如图 4-4 所示,单击"浏览"按钮,选择驱动所在位置,单击"下一步"按钮,等待即可。

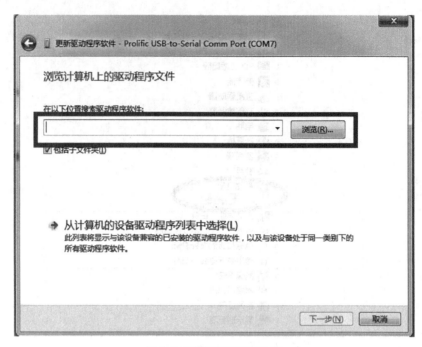

图 4-4 选择驱动程序位置

步骤 4：如果显示结果如图 4-5 中红框所示，即表明驱动已经安装好了。如果不是，请按照上面的步骤重新安装驱动程序。

图 4-5 完成驱动安装

2. 超级终端的配置

步骤 1：连接好 GSM/GPRS MODEM，打开超级终端，如图 4-6 所示。

图 4-6   超级终端中新建连接

步骤 2：输入名称后单击"确定"按钮，选择"COM7 口"。在此选择哪个串口要看 MODEM 连接到计算机的哪个串口。由于此处用的是 USB 口 MODEM 时，安装完驱动后会自动虚拟一个串口，因计算机的不同而不同。在此 MODEM 连接到了 COM7，所以本例选择 COM7，如图 4-7 所示。

图 4-7   选择端口

步骤 3：选择完相应串口后，选择速率，COM 口的速率要与 MODEM 的速率一致。MODEM 的速率默认速率一般为 9600，如果不能通信也可以试一下其他速率，比如 115200、19200 等。本例超级终端选择 9600，与 MODEM 的速率一致，如图 4-8 所示。

图 4-8　设置端口属性

步骤 4：此时断开连接，进行属性设置，如图 4-9 所示。

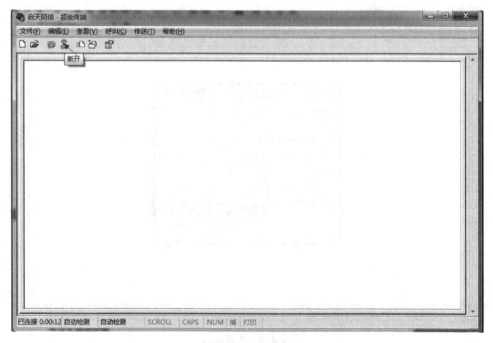

图 4-9　断开连接

步骤 5：断开连接后，在"文件"菜单中找到"属性"，如图 4-10 所示。

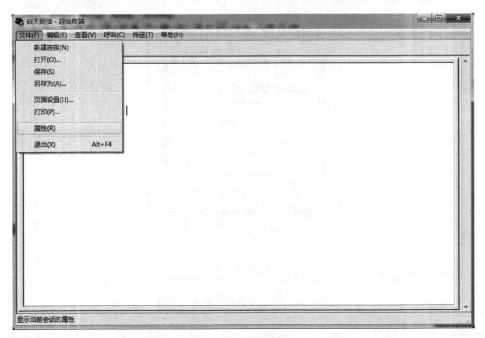

图 4-10   编辑属性

步骤 6：打开"属性"窗口，单击"设置"按钮，然后再单击"ASCII 码设置"按钮，如图 4-11 所示。

图 4-11   ASCII 码设置

步骤 7：在 ASCII 码设置窗口中勾选本地回显键入的字符，如图 4-12 所示。

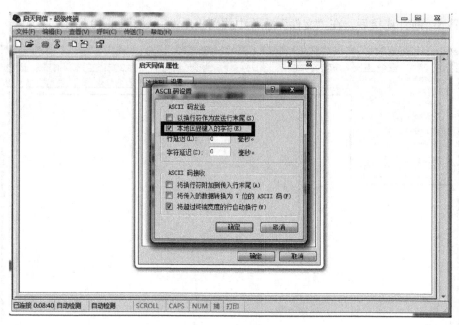

图 4-12　勾选本地回显键入的字符

步骤 8：设置完成后，如果速率一致通信正常，在超级终端里打入 at 并按〈Enter〉键，会返回"OK"。以上设置可以证明计算机与 MODEM 正常建立连接并通信正常，如果打入 at 没有返回"OK"，则需要修改超级终端速率，返回上面重新设置速率，如图 4-13 所示。

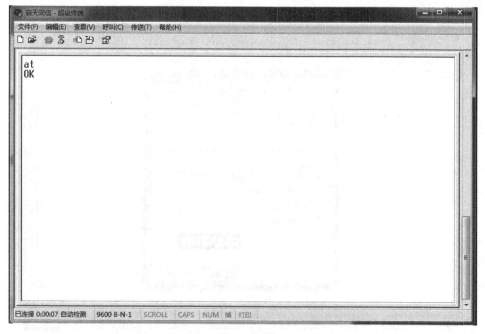

图 4-13　验证连接是否正常

步骤 9：保存设好的超级终端，以便下次打开直接使用。

3. 短信猫程序的安装

步骤1：安装短信猫产品自带的软件如图4-14所示。

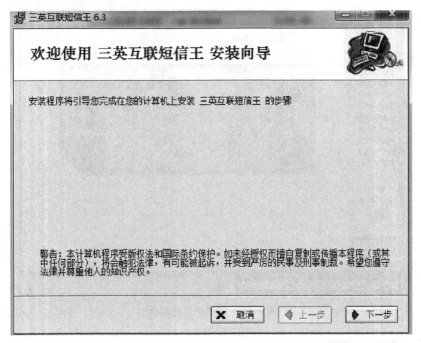

图4-14 安装短信猫程序

步骤2：单击"下一步"按钮，最终显示如图4-15所示，单击"关闭"按钮，程序安装完毕。

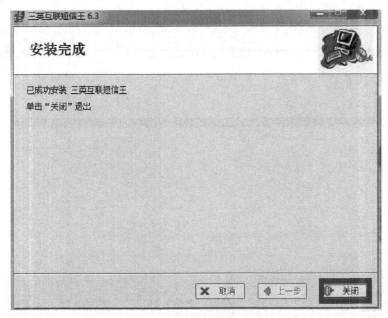

图4-15 完成短信猫程序安装

步骤 3：然后在桌面上找到三英互联短信王的快捷方式——三英互联短信王标准版，如果如图 4-16 中红框里面显示，表示短信猫已经连接好了。

图 4-16　短信王启动界面

4.1.3.2　短信猫的使用

1．短信业务

步骤 1：打开桌面上快捷方式——三英互联短信王广告 AA 版，界面如图 4-17 所示。

串口名	设备类型	发送号码文件	号码总数	成功数	失败数	待发数
COM1			0	0	0	0
COM2			0	0	0	0
COM3			0	0	0	0
COM4			0	0	0	0
COM5			0	0	0	0
COM6			0	0	0	0
COM7			0	0	0	0
COM8			0	0	0	0
COM9			0	0	0	0
COM10			0	0	0	0
COM11			0	0	0	0
COM12			0	0	0	0
COM13			0	0	0	0
COM14			0	0	0	0
COM15			0	0	0	0
COM16			0	0	0	0
COM17			0	0	0	0
COM18			0	0	0	0
COM19			0	0	0	0
COM20			0	0	0	0
COM21			0	0	0	0

号码生成　发送配置　作息时间段　启动发送　暂停发送　撤销任务　发送记录　接收记录　扫描串口　退出

图 4-17　三英互联短信王广告 AA 版启动界面

步骤 2：单击"号码生成"按钮后，界面如图 4-18 所示。

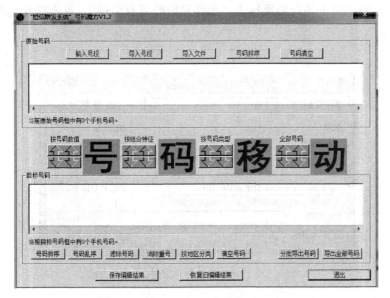

图 4-18 号码生成界面

步骤 3：下面对这个号码魔方进行详细的介绍。

1）"输入号段"：单击后，在文本框内填入号码段，不包含后四位。界面如图 4-19 所示。

2）"导入号段"：单击后，界面如图 4-20 所示。可以根据公司的需要选择具体省份地址，具体的号码运营商或者不限，甚至可以指定号码范围。总之，可以覆盖用户想要的区域范围。

图 4-19 输入号段

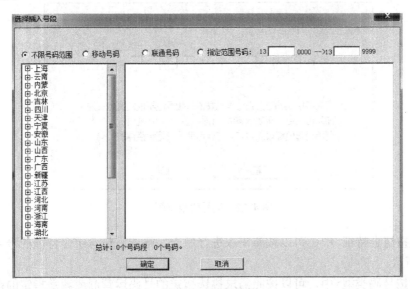

图 4-20 导入号段

3）"导入文件"：单击后，显示界面如图 4-21 所示，它会提示用户导入的文件为 txt 文件，每个发送号码以回车换行结束标志（允许号码收尾有空格），单击打开选择已经编辑好的号码 txt 文件。

图 4-21　导入文件

4）"号码排序"是给所选中的号码进行排序，"号码清空"则是将选中的号码全部清空。

中间这一排按钮功能强大并且常用。但中间这一排按钮要注意他们的指向，每一单组的功能是一样的，只是有上下之分。向上的箭头表示将下面符合选项特征的号码向上移动，而向下的箭头表示将上面符合选项特征的号码向下移动。请使用时注意。

5）在<按号码数值>中，可以筛选出包含控制位的号码。需要注意的事项请看对话框上的说明，界面如图 4-22 所示。

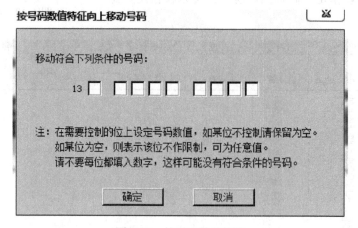

图 4-22　按号码数值筛选

6）在<按组合特征>中，可以按照需求进行组合，筛选出包含组合特征的号码，其界面如图 4-23 所示。

7）在<按号码类型>中，可以按照需求挑选指定的号码运营商或者是指定的范围号码，其界面如图 4-24 所示。

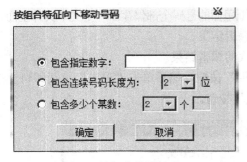

图 4-23 按组合特征筛选

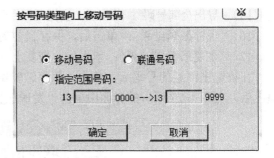

图 4-24 按号码类型筛选

8）在<全部号码>中，可以直接按上下箭头将原始号码变成目标号码，完全不做过滤。

通过中间的上下箭头可以将中间的几个特征组合联合起来使用，以达到挑选出满意的号码的目的。在使用上下箭头前，必须先把目标框内的号码全部清空，以防混淆。

9）"号码排序"就是把号码按先后顺序排列，"号码乱序"就是把号码的顺序打乱。

10）"滤除号码"：单击后，弹出提醒对话框，提示用户需要滤除的号码文件和该文本文件需满足的格式。它会自动帮用户把号码文件里面的手机号码全部滤除掉，界面如图 4-25 所示。

图 4-25 导入要滤除的号码

11）"消除重号"：单击后，会把上面框里面的号码消除掉相同的号码。比如说上面框里面有 3 个相同的号码，消除重号后就只留一个了。

12）"按地区分类"：单击后，填好文件名后，单击"保存"按钮，它会提示用户保存号码的分类单位是省还是市。界面如图 4-26 所示。

13）"清空号码"：单击后，将目标号码框内的号码全部清空。

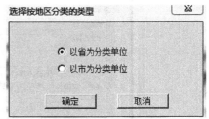

图 4-26 按地区分类

14）"分批导出号码"：单击后，弹出界面如下所示，这个功能就是把目标号码框里面的手机号码按用户想要的条数分批导出。例如上面有 10 万个号码，单击一下分批导出，然后在包含号码数框里面输入 20000，那么系统就会自己生成 5 个号码文件，每个号码文件里面就只有 20000 个号码。

15）"导出全部号码"：单击后，会把目标号码框里面的号码全部保存在一个文本文件里面。

16）"保存编辑结果"：单击后，保存当前的编辑结果。

17）"恢复旧编辑结果"：单击后，恢复上一次的编辑结果。

在挑选出满意的号码后，单击"保存编辑结果"按钮，然后单击"退出"按钮即可。在退出后，在图4-27所示的界面中单击"发送配置"按钮。

图4-27 设置发送配置

单击"发送配置"按钮后，显示的界面如图4-28所示。

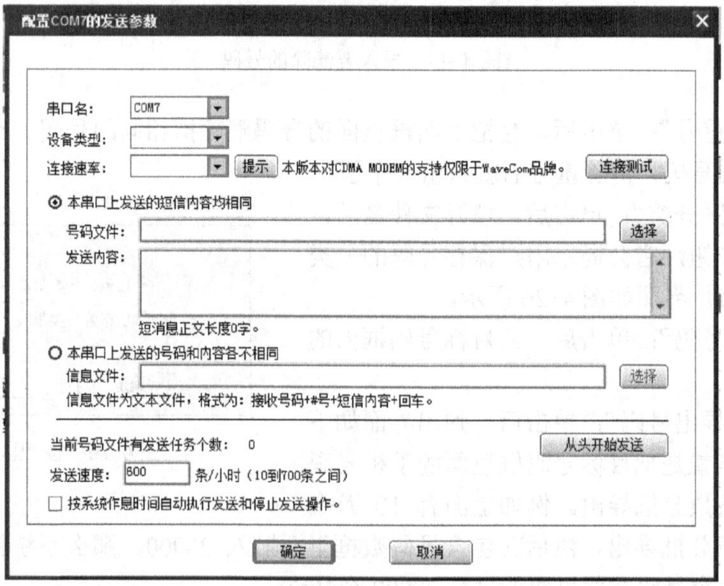

图4-28 发送配置界面

18）在设备类型一栏选择 GSM MODEM，在连接速率一栏选择 9600，设置如图 4-29 所示。

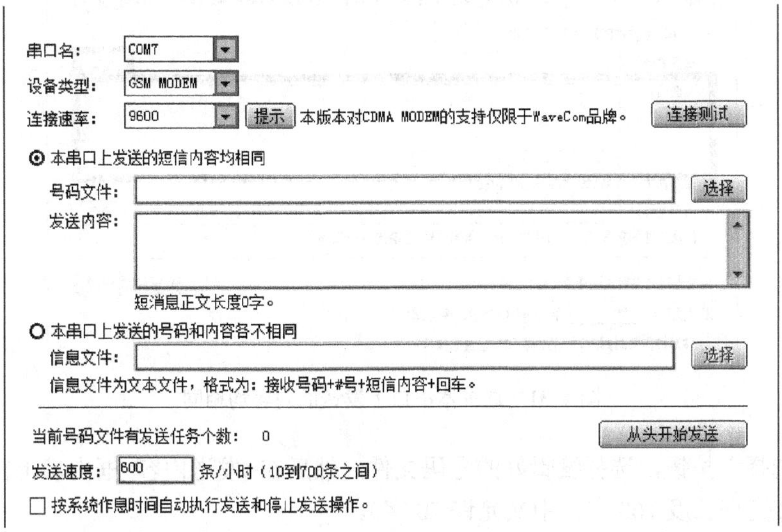

图 4-29　选择设备类型及连接速率

然后单击"连接测试"按钮，显示内容如图 4-30 所示，则表示连接正常。

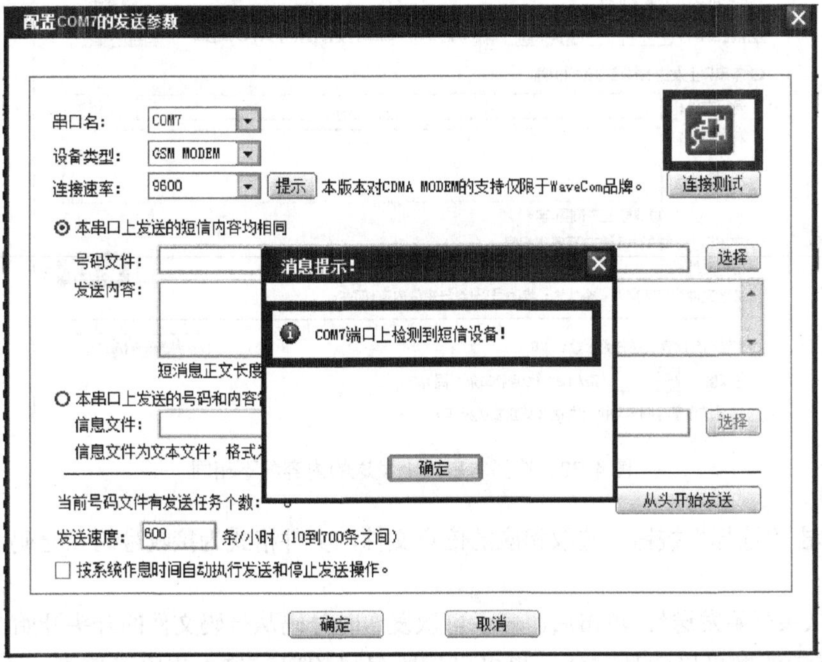

图 4-30　测试设备连接

连接正常后，可以选择本串口上发送的内容均相同或各不相同。

19）选择本串口上发送的内容均相同后，界面如图 4-31 所示。

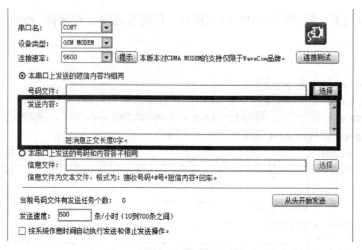

图 4-31　选择本串口上发送的内容均相同

　　单击"选择"按钮，选择编辑好的号码文件，然后在<发送内容>框内填上需要发送的内容（其中英文允许长度 160 字，中文允许 70 字）。

　　20）选择本串口上发送的内容各不相同后，界面如图 4-32 所示。

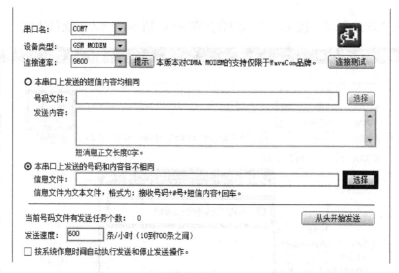

图 4-32　选择本串口上发送的内容各不相同

　　21）单击"选择"按钮，选取相应的信息文件，文件格式为接收号码+#号+短信内容+回车。

　　22）"从头开始发送"：单击后，表示再次发送时号码从号码文件的开头开始。

　　23）发送速度可以选择默认，也可以按照自己的要求填入相应的数值。范围在 10～700。为了保证发送质量，速度不可太高。

　　24）然后下面选项"按系统时间自动执行发送和停止发送操作"，选中，表示按照用户配置的系统时间来执行发送和停止发送操作。不选中，表示全天候 24h 不间断的发送。其界面如图 4-33 所示。

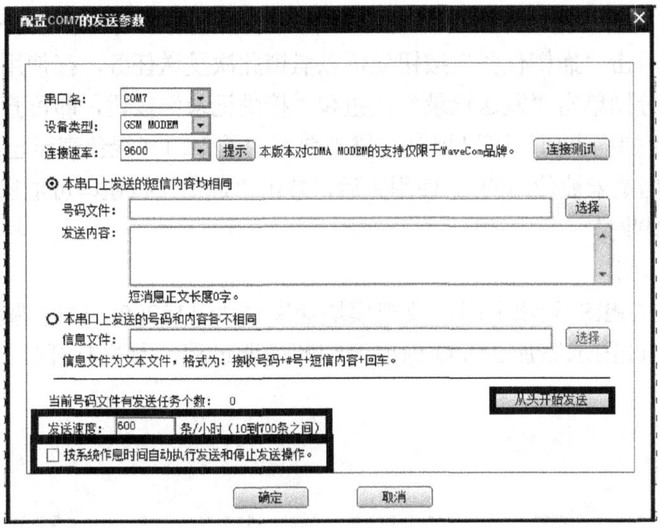

图 4-33　选择发送频率

配置好后，单击"确定"按钮即可保存刚才的配置。

如果用户在"发送配置"里面没有选中"按系统作息时间自动执行发送和停止发送操作"，那么"作息时间段"就可以不用配置。如果选中，那么配置过程如图 4-34 所示。

"作息时间段"：单击后，弹出修改短信发送时间段对话框。在"发送起始时间"和"停止发送时间"框内修改为需要的发送停止时间。界面如图 4-34 所示。

图 4-34　修改短信发送时间段

单击"确定"按钮，即可保存修改好的作息时间段。返回原主界面，如图 4-35 所示。

图 4-35　完成发送配置

步骤 4：单击"启动发送"按钮后，短信猫就开始工作了，单击"暂停发送"按钮即可暂停这次发送任务，单击"撤销任务"按钮就可以撤销此次发送任务，在使用这个功能前，必须先选中一个串口。分别单击"发送记录"按钮和"接受记录"按钮，即可查看当前选中串口的收发短信的记录。"扫描串口"可以用来扫描当前可用的串口（绿色表示已经在正常使用的，红色表示连接正常但是未被使用的）。使用完后，单击"退出"按钮即可退出该软件。

2. GPRS 上网业务

● 添加调制解调器

步骤 1：实现 GPRS 无线上网，要把模块速率调为 115200，同时调制解调器的速率也要调为 115200。在此图示添加 33600 标准调制解调器过程，首先打开控制面板，如图 4-36 所示。

图 4-36　打开控制面板

步骤 2：在此用鼠标双击"电话和调制解调器"选项，如图 4-37 所示。

图 4-37　电话和调制解调器选项

步骤3：单击"添加"按钮，如图4-38所示。

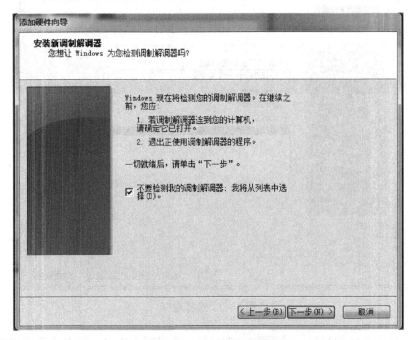

图4-38　安装调制解调器

步骤4：勾选"不要检测我的……"，单击"下一步"按钮，如图4-39所示。

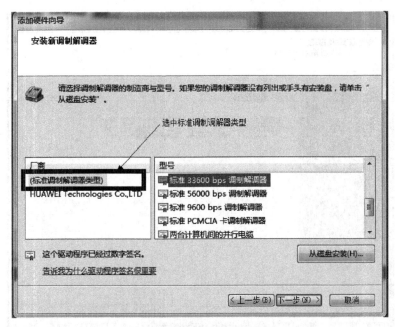

图4-39　选择调制解调器类型

步骤5：选中标准33600bps调制解调器，单击"下一步"按钮，如图4-40所示。

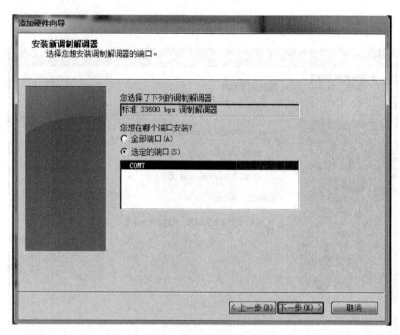

图 4-40 选择端口

步骤 6：单击选定的端口，然后选中 COM7。选择哪个串口，要取决于用户的 MODEM
接在了哪个串口，或者虚拟到了哪个串口。在此例中选择 COM7 口，因为把 MODEM 接在
了计算机的 COM1 口。单击"下一步"按钮，如图 4-41 所示。

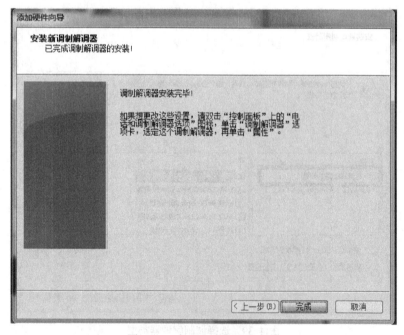

图 4-41 完成调制解调器安装

步骤 7：单击"完成"按钮，如图 4-42 所示。

图 4-42　查看调制解调器属性

步骤 8：在此要对新添加的 33600 调制解调器进行简单设置，选中 33600 调制解调器，单击"属性"按钮，如图 4-43 所示。

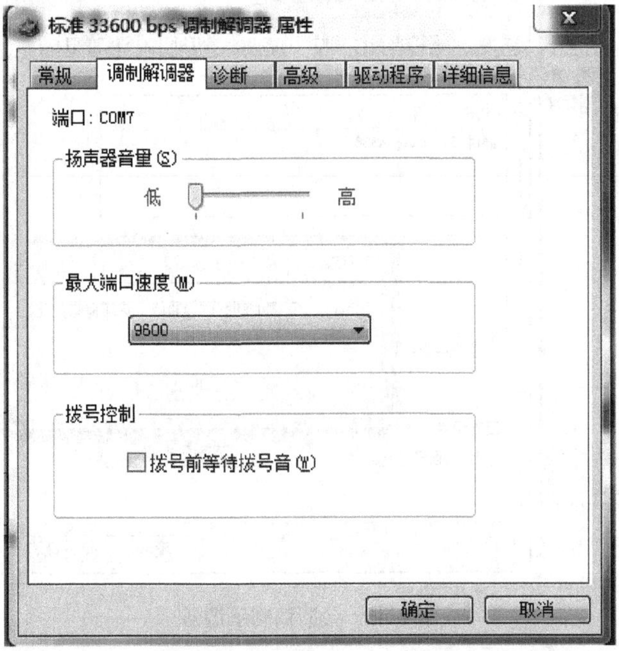

图 4-43　调整端口最大速率

步骤 9：将最大端口速率调到 9600，然后单击"诊断"按钮，如图 4-44 所示。

图 4-44　查询调制解调器

步骤 10：单击"查询调制解调器"按钮，如图 4-45 所示。

图 4-45　诊断调制解调器

步骤 11：在此等几秒钟，甚至更长，如图 4-45 所示，通信完后如图 4-46 所示。
步骤 12：在命令和响应下面如出现上图所示文字，就表示调制解调器查询成功。

图 4-46　诊断完成

1. 建立网络连接

步骤 1：打开控制面板，如图 4-47 所示。

图 4-47　打开控制面板中的网络和共享中心

步骤 2：单击网络和共享中心，如图 4-48 所示。

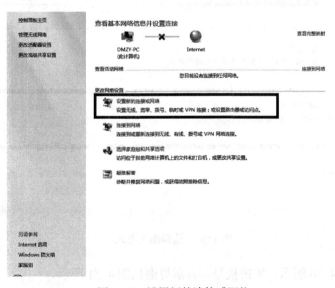

图 4-48　设置新的连接或网络

步骤 3：单击设置新的连接或网络，如图 4-49 所示。

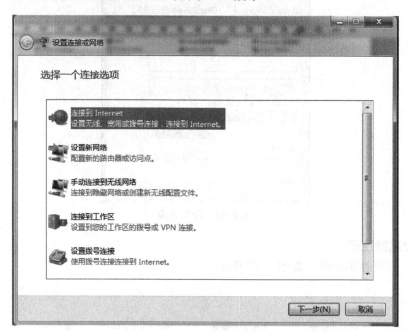

图 4-49　选择连接选项

步骤 4：选择连接到 Internet，单击"下一步"按钮，如图 4-50 所示。

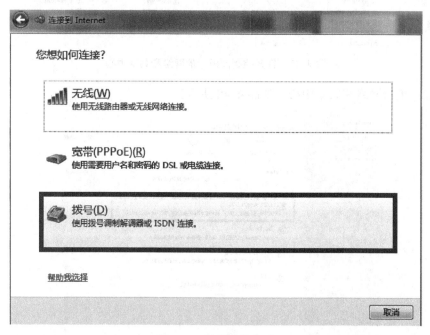

图 4-50　选择连接方式

步骤 5：如图 4-50 所示，单击拨号，显示界面如图 4-51 所示。

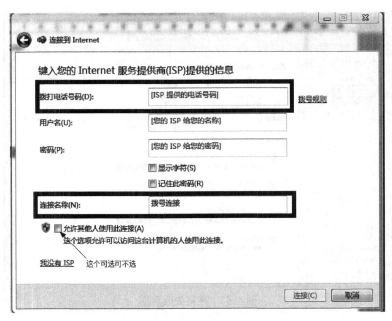

图 4-51 配置连接

步骤 6：在拨打电话号码一栏输入移动公司提供的无线上网号码：*99***1#。连接名称一栏名称可以随便输入，此例中的名称为：启天同信。至于是否允许其他人使用此连接，则看需要。填好后显示界面如图 4-52 所示。

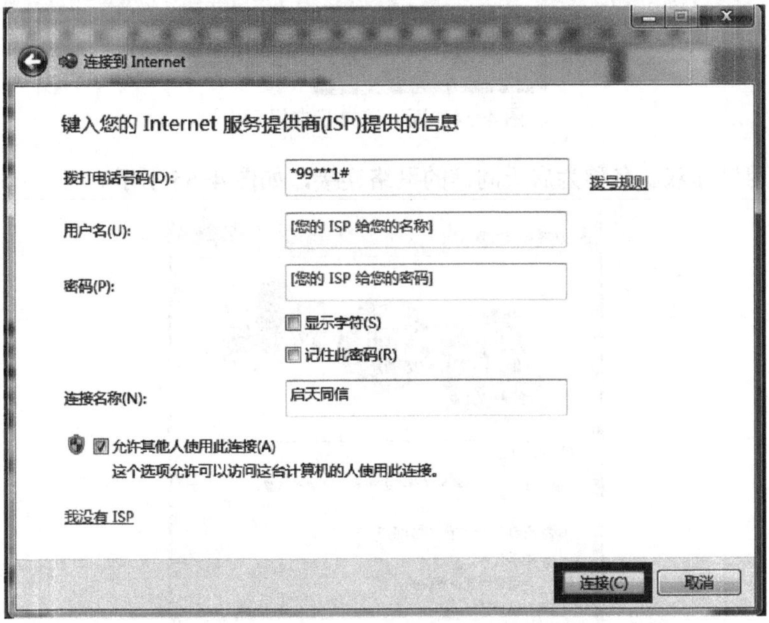

图 4-52 完成连接配置

步骤 7：单击"连接"按钮即可。如果连接不成功，在网络和共享中心，单击更改适配器设置，其界面如图 4-53 所示。

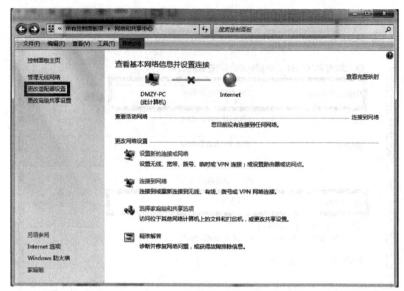

图 4-53　连接失败界面

步骤 8：在这里用户将看到有启天同信的网络连接，正处于断开连接的状态，如图 4-54 所示。

图 4-54　断开连接状态提示

步骤 9：用鼠标双击名称为启天同信的网络连接，如图 4-55 所示。

图 4-55　启天同信的网络连接

步骤 10：直接单击拨号，如图 4-56 所示。

图 4-56　开始拨号

表明正在登录网络，稍等，登录后如图 4-57 所示。

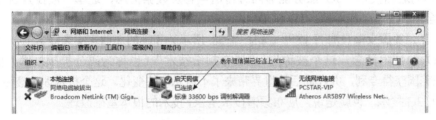

图 4-57　连接成功状态提示

这样就表示用户已经连上 GPRS，就可以上网浏览了。

4.1.4　任务评价

GSM/GPRS 无线模块开通与配置任务评价表如表 4-1 所示。

表 4-1　GSM/GPRS 无线模块开通与配置任务评价表

项目 4　开通电信网络终端 任务评价表				
任务名称		任务 4.1 GSM/GPRS 无线模块开通与配置		
班　　级		小　　组		
评价要点	评价内容	分　值	得分	备注
基础知识 (20 分)	是否明确工作任务、目标	5		
	什么是 GSM 和 GPRS	5		
	GPRS 有哪些功能	10		
任务实施 (60 分)	GPRS 的安装	20		
	GPRS 的配置	20		
	GPRS 的使用	20		
操作规范 (20 分)	遵守机房工作和管理制度	5		
	各小组固定位置，按任务顺序展开工作	5		
	按规范使用操作，防止损坏实验设备	5		
	保持环境卫生，不乱扔废弃物	5		
合计				

任务 4.2   3G 无线网卡的开通与配置

4.2.1   任务描述

小张最近公司部分计算机需要通过 3G 接入互联网，请协助小张完成此项工作。

4.2.2   必要知识准备

所谓 3G 就是指第三代的移动通信技术（3rd-Generation，3G），是一种支持高速数据传输的蜂窝移动通信技术。3G 服务能够同时传送声音及数据信息，速率一般在几百 kbit/s 以上。目前全球 3G 标准有 4 种：TD-SCDMA、WCDMA、CDMA2000 和 WiMAX。

1940 年，美国女演员海蒂·拉玛（如图 4-58 所示）和她的作曲家丈夫提出了一个"频谱"（Spectrum）的技术概念，这个被称为 "展布频谱技术"（也称为码分扩频技术）的技术于 1942 年在美国获得专利，并在此后给世界带来了不可思议的变化。这个技术理论最终也就演变成了今天的 3G 技术，也就是说，展布频谱技术是 3G 技术的根本基础原理。

图 4-58   海蒂.拉玛经典黑白照

海蒂.拉玛最初研究这个技术是为了帮助美国军方制造出一种能够对付纳粹德国的电波干扰或能够防止窃听的军事通信系统，因此这个技术最初的作用是用于军事。第二次世界大战结束后，这项技术因为暂时失去了价值，美国军方将其封存，但已经有很多国家对其产生了兴趣，并在 20 世纪 60 年代对此项技术展开了研究，但都进展不大。

直到 1985 年，一个名为"高通"的小公司（现成为世界五百强）在美国的圣迭戈成立了，这个公司利用美国军方解禁的 "展布频谱技术" 开发出一个被命名为"CDMA"的新通信技术，就是这项 CDMA 技术直接导致了 3G 的诞生。现在世界 3G 技术的 3 大标准：美国 CDMA2000，欧洲 WCDMA，中国 TD-SCDMA，都是基于 CDMA 的技术基础开发出来的。CDMA 就是 3G 技术的基础原理，而展布频谱技术则是 CDMA 的根本基础原理。

1. WCDMA

WCDMA 全称为 Wideband CDMA，也被称为 CDMA Direct Spread，意为"宽频分码多重存取"，这是基于 GSM 技术发展出来的 3G 技术标准，是由欧洲提出的宽带 CDMA 技术，但它与日本提出的宽带 CDMA 技术基本相同，二者目前也正在进一步融合。WCDMA 技术的支持者主要是以 GSM 系统为主的欧洲厂商，日本公司也或多或少参与其中，包括欧美的诺基亚、朗讯、爱立信、阿尔卡特和北电，以及日本的富士通、NTT 和夏普等厂商。WCDMA 标准提出了 GSM(2G)-GPRS-EDGE-WCDMA(3G）的技术演进策略，因此这套系统能够架设在现有的 GSM 网络上，系统提供商可以轻易地过渡。在 GSM 系统相当普及的亚洲，WCDMA 具有先天的市场优势，运营商对这套新技术的接受度相当高。WCDMA 是当前世界上采用的国家及地区最广泛的、终端种类最丰富的一种 3G 标准，占据全球 80%以上的市场份额。目前中国联通采用了此项 3G 技术。

2. CDMA 2000

CDMA 2000 是由窄带 CDMA(CDMA IS95)技术发展而来的宽带 CDMA 技术，也称为 CDMA Multi-Carrier，它是由美国高通北美公司为主导提出的，摩托罗拉、Lucent 和后来加入的韩国三星都有参与，韩国现在成为该标准的主导者。该系统是基于窄频 CDMA One 数字标准而衍生出来的，可以从原有的 CDMA One 结构直接升级到 3G，建设成本低廉。但目前使用 CDMA 的地区只有日本、韩国及北美，所以 CDMA2000 的支持者远不如 W-CDMA 多。该标准提出了从 CDMA IS95（2G)-CDMA2000 1x-CDMA2000 3x（3G）的技术演进策略，CDMA 2000 1x 被称为 2.5 代移动通信技术。CDMA 2000 3x 与 CDMA 2000 1x 的主要区别在于前者应用了多路载波技术，通过采用三载波而使得带宽被提高。目前中国电信正在采用 3G 技术。

3. TD-SCDMA

TD-SCDMA 全称为 Time Division-Synchronous CDMA（时分同步 CDMA），该标准是由我国独自制定的 3G 标准。1999 年 6 月 29 日，由中国原邮电部电信科学技术研究院（大唐电信前身）向 ITU 提出，但其技术发明始于西门子公司。该标准将智能无线、同步 CDMA 和软件无线电等当今国际领先技术融于其中，在频谱利用率、对业务支持、频率灵活性及成本等方面具有独特的优势。TD-SCDMA 还具有辐射低的特点，因此被誉为绿色 3G。中国移动采用了这项 3G 技术，由于中国内地庞大的市场，该标准也受到了各大主要电信设备厂商的重视，全球一半以上的设备厂商都宣布可以支持该标准。TD-SCDMA 标准提出不经过 2.5 代的中间环节，直接向 3G 过渡，因此非常适用于由 GSM 系统向 3G 系统升级。

4.2.3 任务实施

4.2.3.1 使用准备

1）安装软、硬件。

在计算机上安装客户端软件及驱动。

将 UIM 卡插入上网卡，再将上网卡安装到计算机上。

打开 PC 上的 WLAN 接入设备，并在客户端软件设置无线宽带（WLAN）接入账号。

2）如果遇到客户端软件安装过程缓慢的现象，可能和计算机的系统性能有关，是正常现象，请耐心等待，系统性能较低的原因可能是。

系统 CPU 处理性能较差或内存容量少。

系统中运行了过多的应用程序，导致系统性能下降。

系统安装的杀毒软件在扫描安装程序，导致安装过程缓慢。

4.2.3.2　无线宽带客户端界面

下面介绍的无线宽带客户端是中国电信提供的移动网络接入客户端，用户可以使用它来接入中国电信的无线宽带（WLAN）、无线宽带（3G）和无线宽带（1X）网络并访问互联网。

说明：无线宽带（1X）针对 CDMA 1X 网络，无线宽带（3G）针对 EV-DO RevA 网络。

1）无线宽带客户端主界面如图 4-59 所示。

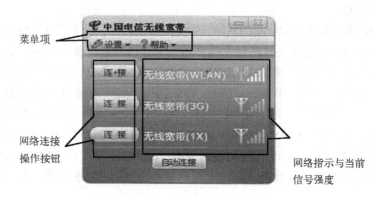

图 4-59　无线宽带客户端主界面

2）网络连接的显示状态信息如图 4-60 所示。

状态信息	说明
无线宽带（WLAN）网络信号	• 　：无线宽带（WLAN）网络信号强度 • 　：没有无线宽带（WLAN）网络信号
无线宽带（3G）/无线宽带（1X）网络信号	• 　：无线宽带（3G）/无线宽带（1X）网络信号强度 • 　：没有无线宽带（3G）/无线宽带（1X）网络信号

图 4-60　网络连接的显示状态信息

4.2.3.3　无线宽带客户端的使用

1. 无线宽带（WLAN）接入

无线宽带（WLAN）指中国电信在公共热点地区布设的，以"ChinaNet"为名的无线宽带网络。用户申请无线宽带后会获得无线宽带（WLAN）账号，该账号用于登录电信公共热点 WLAN，即以"ChinaNet"为名的无线网络。申请时请注意有的账号不支持全国漫游，在除账号归属地外的其他省市可能无法上网。

1）单击主界面上无线宽带（WLAN）的"连接"按钮，认证通过后完成网络接入。若之前未设置过无线宽带（WLAN）账号，则需要根据向导输入无线宽带（WLAN）接入账号、密码并选择归属省份，单击"保存并连接"按钮。如果连接失败，可以再尝试使用其他无线宽带方式进行拨号接入。

2）连接过程中，单击"取消"按钮，可取消此次连接。

3）如要断开，需要返回拨号连接主界面或在网络状态界面单击"断开"按钮。

2. 无线宽带（3G）接入

1）单击主界面上的无线宽带（3G）"连接"按钮，连接无线宽带（3G）网络成功后完成网络接入。如果连接失败，可以再尝试使用其他无线宽带方式进行拨号接入。

2）当连接上无线宽带（3G）网络，如果无线宽带（3G）信号过低时，系统将自动无缝切换到无线宽带（1X）网络连接，此时可以继续使用上网业务，只是网络速度有所降低。

3）连接过程中，单击"取消"按钮，可取消此次连接。

4）如要断开，需要返回拨号连接主界面或在网络状态界面单击"断开"按钮。

3. 无线宽带（1X）接入

1）单击主界面上的无线宽带（1X）"连接"按钮，连接无线宽带（1X）网络成功后完成网络接入。如果连接失败，可以再尝试使用其他无线宽带方式进行拨号接入。

2）连接过程中，单击"取消"按钮，可取消此次连接。

3）如要断开，需要返回拨号连接主界面或在网络状态界面单击"断开"按钮。

4. 如果连接不上无线宽带（1X）与无线宽带（3G）网络，可能有以下原因

1）没有正确插入 UIM 卡。

解决办法：请在数据卡内正确插入 UIM 卡。

2）PC 没有正确连接数据卡。

解决办法：按照正确方式将数据卡与 PC 连接。

3）环境中没有无线宽带（1X）与无线宽带（3G）网络信号。

解决办法：请在有无线宽带（1X）与无线宽带（3G）网络信号的环境使用该功能，主界面有无线宽带（1X）与无线宽带（3G）信号强度提示。

4）无线宽带（1X）与无线宽带（3G）接入号与密码设置错误。

解决办法：请通过客户端菜单设置→上网账号设置→无线宽带（3G/1X）账号设置检查接入号码与密码是否正确，接入号为＃777，用户名为 ctnet@mycdma.cn，密码为vnet.mobi，客户端初始已设置。

5）UIM 卡不正常。

解决办法：向电信服务热线或营业厅咨询。

6）驱动不正常。

解决办法：请到中国电信官方网站上或者通过客户端下载最新的数据卡驱动并安装。

7）数据卡不支持中国电信最新 AT 命令集。

解决办法：请更换数据卡。

8）使用的计算机端口不正确。

解决办法：请换原来安装过驱动的端口试试。

9）欠费停机。

解决办法：请充值并复机后使用。

5．若信号弱不稳定，经常连接不上网络，可能有以下原因

1）上网卡天线没有拉出来。

解决办法：完全拉出天线。

2）当地信号不稳定。

解决办法：换个地方试试，客户端主界面上会提示网络信号强度。

3）客户端软件版本比较老。

解决办法：升级客户端软件到最新版本。

4）无线上网卡硬件问题。

解决办法：更换上网卡试试。

6．若无线宽带（1X）与无线宽带（3G）上网过程中经常出现断线，可能有以下原因

1）一般情况是由于传输线路质量不好，易出现杂波干扰数据通信。

解决办法：换个地方试试，客户端主界面上会提示网络信号强度。

2）天线接触不良。

解决办法：检查天线是否正常。

3）无线宽带（1X）与无线宽带（3G）信号较弱，由于信号衰减易形成断线。

解决办法：换个地方试试，客户端主界面上会提示网络信号强度。

7．若要卸载计算机上已经安装的上网卡驱动，可以通过客户端菜单设置→上网卡驱动管理→删除上网卡驱动，选择相应的上网卡型号，删除驱动

4.2.3.4　无线宽带一般故障处理方法

1）计算机上插上 3G 无线上网卡（EVDO），启动中国电信客户端后，如果出现无线宽带（3G）和无线宽带（1X）边上的信号指示（柱状信号指示）同时为白色，如图 4-61 所示，无法使用边上的连接按钮进行无线上网的情况，可参考以下方法来解决。

① 打开设备管理器，查找是否存在"调制解调器"一项，如图 4-62 所示。

图 4-61　无信号

图 4-62　打开设备管理器

② 如果有，单击打开调制解调器边上的"+"号，是否有对应品牌的 EVDO 无线上网卡。如中兴 AC560 3G 无线上网卡驱动安装正确后，会显示名称为 CT_ZTE_EV-DO_Modem

的调制解调器，如图 4-63 所示。如果出现以下 3 种情况：

a. 没有出现调制解调器。

b. 调制解调器下面没有出现对应品牌的 EVDO 无线上网卡。

c. 虽出现对应品牌的 EVDO 无线上网卡，但是左边带有黄色的问号；则说明 3G 无线上网卡的驱动没有安装好，或者驱动受到损坏，需要重新安装 3G 无线上网卡驱动。

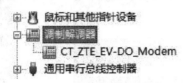

图 4-63　查看调制解调器状态

③ 3G 数据卡（上网卡）驱动安装方法。

a. 启动中国电信客户端安装程序，在安装时，选择"仅安装上网卡驱动程序"即可完成驱动的安装。建议安装的过程中关掉实时监控软件，如杀毒软件、安全卫士等。如果出现安全警告，请选择允许或始终允许选项，如图 4-64 所示。

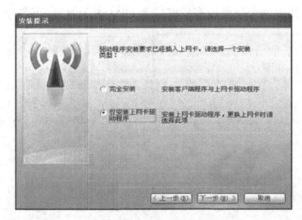

图 4-64　安装上网卡驱动

b. 如果可以通过其他方式访问互联网，也可以通过客户端从网上下载驱动：选择"设置"→"上网卡驱动管理"→"下载上网卡驱动"→"选择对应品牌和型号的上网卡"，如图 4-65 和图 4-66 所示。

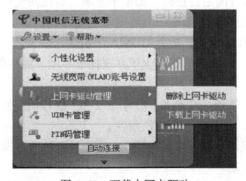

图 4-65　下载上网卡驱动

c. 如果用户可以上互联网，也可以从http://cwclient.vnet.cn/上下载包含对应网卡型号驱动的客户端，如图 4-67 所示。

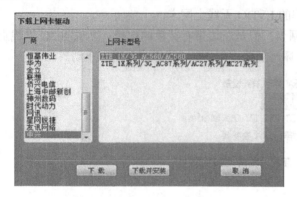

图 4-66　选择上网卡型号

图 4-67　从网站上下载上网卡驱动

2）如果无线宽带（3G）和无线宽带（1X）边上的信号指示（柱状信号指示）同时为绿色，但按无线宽带（3G）或者无线宽带（1X）边上的按钮，却出现 5008 的错误提示（如图 4-68 所示，说明用户的上网卡硬件没有插好或者 UIM 卡无效），可参考下列方法解决。

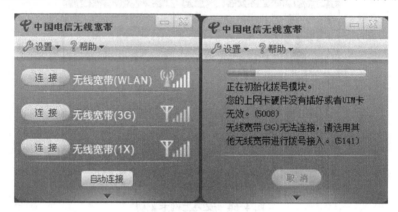

图 4-68　错误提示 5008 / 5141

① 检查是否已将中国电信的 UIM 卡插入到 3G 无线上网卡中，如果没有，请正确插入 UIM 卡。

② 检查 UIM 卡插入方向是否正确，如果不正确，请按照无线上网卡上面的 UIM 卡示意图重新插入 UIM 卡，注意 UIM 卡缺口需要同示意图一致。

③ 将上网卡中的 UIM 卡拿出，放入 CDMA 手机中，尝试拨打 10000，如果不能拨通，说明该 UIM 卡出现问题，需要到电信营业厅办理补卡手续。如果能拨通打，则重新将 UIM 卡插入到上网卡中。

3）如果出现只有 1X 信号，没有 3G 信号（或 3G 信号很弱），只能通过 1X 进行上网的情况（如图 4-69 所示），可参考下列方法解决。

① 用户所在区域可能没有覆盖中国电信 3G 信号，具体请咨询 10000。

② 重新安装数据卡驱动。

4）如果插入了其他型号的 3G 无线上网卡或者更换了 USB 插口后，再打开无线宽带客户端时，出现了没有 3G 和 1X 信号、无法正常上网的情况（如图 4-70 所示），请参考前面的解决方法来重新安装驱动。

图 4-69 只有 1X 信号

图 4-70 更换上网卡或 USB 接口后无信号

4.2.4 任务评价

3G 无线网卡的开通与配置任务评价表如表 4-2 所示。

表 4-2 3G 无线网卡的开通与配置任务评价表

项目 4 开通电信网络终端 任务评价表				
任务名称		任务 4.2、3G 无线网卡的开通与配置		
班　　级		小　组		
评价要点	评价内容	分　值	得分	备注
基础知识 (20 分)	是否明确工作任务、目标	5		
	什么是 3G	5		
	3G 有哪些模式	10		
任务实施 (60 分)	3G 的配置	20		
	3G 的接入	20		
	3G 的使用	20		
操作规范 (20 分)	遵守机房工作和管理制度	5		
	各小组固定位置，按任务顺序展开工作	5		
	按规范使用操作，防止损坏实验设备	5		
	保持环境卫生，不乱扔废弃物	5		
合计				

项目 5 　组建现场总线与传感网络

【背景描述】

小张是北京信息科技开发有限公司负责公司内部网络设备的员工，随着公司的发展公司内部通过网络与电子设备沟通信息的需求不断增加，小张需要使用现场总线与传感网络满足公司日益增加的需求，请随小张一起学习现场总线与传感网络的组建和技术原理吧。

【学习目标】

学习目标 1：熟悉无线传感网的相关知识，掌握无线传感网的搭建。

学习目标 2：熟悉蓝牙的相关知识，掌握蓝牙的配置与使用。

学习目标 3：熟悉现场总线的相关知识，掌握现场总线的组建。

学习目标 4：熟悉智能网关的相关知识，掌握智能网关的安装与使用。

【任务分解】

任务 5.1：无线传感网的搭建。

任务 5.2：蓝牙的配置与使用。

任务 5.3：现场总线的组建。

任务 5.4：智能网关的应用。

任务 5.1 　无线传感网的搭建

5.1.1 　任务描述

小张公司需要使用 ZigBee 进行数据采集与控制以完成公司增加无线传感网络接入的工作任务，请协助小张完成此项工作。

5.1.2 　必要知识准备

5.1.2.1 　ZigBee 概述

ZigBee 是基于 IEEE802.15.4 标准的低功耗个域网协议。根据这个协议规定的技术是一种短距离、低功耗的无线通信技术。

ZigBee 的名称来源于蜜蜂的八字舞，由于蜜蜂（bee）是靠飞翔和"嗡嗡"（zig）地抖动翅膀的"舞蹈"来与同伴传递花粉所在方位信息，也就是说蜜蜂依靠这样的方式构成了群体中的通信网络。

伴随无线传感器网络的迅猛发展，ZigBee 技术作为最近发展起来的一种低廉的、低功耗的、近距离无线组网通信技术，主要适合用于自动控制和远程控制领域，可以嵌入各种设备。其特点是近距离、低复杂度、自组织、低功耗、低数据速率和低成本，被业界认为是最有可能应用在现场的无线网络方式。

通常，符合如下条件之一的应用，就可以考虑采用 ZigBee 技术做无线传输：需要数据采集或监控的网点多；要求传输的数据量不大，而要求设备成本低；要求数据传输可靠性高，安全性高；设备体积很小，不便放置较大的充电电池或者电源模块；电池供电；地形复杂，监测点多，需要较大的网络覆盖；现有移动网络的覆盖盲区；使用现存移动网络进行低数据量传输的遥测遥控系统；使用 GPS 效果差，或成本太高的局部区域移动目标的定位应用。到目前为止，ZigBee 节点已经应用于工业监控、智能楼宇、市政管理和安全医疗等多个领域。

1. 信道

IEEE802.15.4 定义了两个物理层标准，分别是 2.4GHz 物理层和 868/915MHz 物理层。两者均基于直接序列扩频（DirectSequenceSpread Spectrum，DSSS）技术。

ZigBee 使用了 3 个频段，定义了 27 个物理信道，其中 868MHz 频段定义了一个信道；915MHz 频段附近定义了 10 个信道，信道间隔为 2MHz；2.4GHz 频段定义了 16 个信道，信道间隔为 5MHz。

3G 信道分配表如表 5-1 所示。

表 5-1　3G 信道分配表

信　道　编　号	中心频率/MHz	信道间隔/MHz	频率上限/MHz	频率下限/MHz
k=0	868.3		868.6	868.0
k=1,2,3…10	906+2(k-1)	2	928.0	902.0
k=11,12,13…26	2401+5(k-11)	5	2483.5	2400.0

其中在 2.4GHz 的物理层，数据传输速率为 250kbit/s；在 915MHz 的物理层，数据传输速率为 40kbit/s；在 868MHz 的物理层，数据传输速率为 20kbit/s。

2. PANID

PANID 全称为 Personal Area Network ID，网络的 ID（即网络标识符），是针对一个或多个应用的网络，用于区分不同的 ZigBee 网络，所有节点的 PANID 唯一，一个网络只有一个 PANID，它是由协调器生成的，PANID 是可选配置项，用来控制 ZigBee 路由器和终端节点要加入那个网络。

PANID 是一个 32 位标识，范围为 0x0000～0xFFFF。

3. 物理地址

ZigBee 设备有两种类型的地址：物理地址和网络地址。

物理地址是一个 64 位 IEEE 地址，即 MAC 地址，通常也称为长地址。64 位地址是全球唯一的地址，设备将在它的生命周期中一直拥有它。它通常由制造商或者被安装时设置。这些地址由 IEEE 来维护和分配。

16 位网络地址是当设备加入网络后分配的，通常也称为短地址。它在网络中是唯一的，用来在网络中鉴别设备和发送数据，当然不同的网络 16 位短地址可能相同的。

5.1.2.2　ZigBee 设备类型

ZigBee 设备类型有 3 种：协调器、路由器和终端节点。

1. ZigBee 协调器（Coordinator）

ZigBee 协调器是整个网络的核心，是 ZigBee 网络的第一个开始的设备，它选择一个信道和网络标识符（PANID），建立网络，并且对加入的节点进行管理和访问，对整个无线网络进行维护。在同一个 ZigBee 网络中，只允许一个协调器工作，当然它也是不可缺的设备。

2. ZigBee 路由器（Router）

ZigBee 路由节点的作用是提供路由信息。

3. ZigBee 终端节点（End-Device）

ZigBee 终端节点没有路由功能，完成的是网络中的终端任务。

5.1.2.3 ZigBee 协议规范

ZigBee 是基于 IEEE802.15.4 标准的低功耗个域网协议，这个协议规定的技术是一种短距离、低功耗的无线通信技术。

无线传感器网络节点要进行相互的数据交流就要有相应的无线网络协议（包括 MAC 层、网络层和应用层等），传统的无线协议很难适应无线传感器的低花费、低能量和高容错性等的要求，这种情况下，ZigBee 协议应运而生。通过协议标准，数千个微小的传感器之间相互协调实现通信，这些传感器只需要很少的能量，以接力的方式通过无线电波将数据从一个传感器传到另一个传感器，所以它们的通信效率非常高。

ZigBee 协议栈是在 IEEE 802.15.4 标准基础上建立的，定义了协议的 MAC 和 PHY 层。ZigBee 设备应该包括 IEEE802.15.4（该标准定义了 RF 射频以及与相邻设备之间的通信）的 PHY 和 MAC 层，以及 ZigBee 堆栈层、网络层、应用层和安全服务提供层。

实际行业应用的设备中，通常 ZigBee 协议栈和驱动程序已经封装在一个微芯片或小型电子模块中。

5.1.2.4 ZigBee 网络组成

ZigBee 网络拓扑结构支持星形（Star）、树形（Cluster Tree）和网状形（Mesh），如图 5-1 所示。

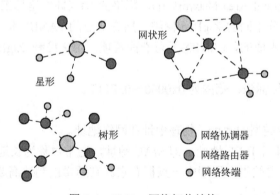

图 5-1　ZigBee 网络拓扑结构

5.1.3 任务实施

建立一个 ZigBee 网络的主要步骤如下：

首先，由 ZigBee 协调器建立一个新的 ZigBee 网络。一开始，ZigBee 协调器会在允许的通道内搜索其他的 ZigBee 协调器。并基于每个允许通道中所检测到的通道能量及网络号，选择唯一的 16 位 PAN ID，建立自己的网络。一旦一个新网络被建立，ZigBee 路由器与终端设备就可以加入到网络中了。

网络形成后，可能会出现网络重叠及 PAN ID 冲突的现象。协调器可以初始化 PAN ID 冲突解决程序，改变一个协调器的 PAN ID 与信道，同时相应修改其所有的子设备。

通常，ZigBee 设备会将网络中其他节点信息存储在一个非易失性的存储空间—邻居表中。加电后，若子节点曾加入过网络，则该设备会执行孤儿通知程序来锁定先前加入的网络。接收到孤儿通知的设备检查它的邻居表，并确定设备是否是它的子节点，如果是，设备会通知子节点它在网络中的位置，否则子节点将作为一个新设备来加入网络。而后，子节点将产生一个潜在双亲表，并尽量以合适的深度加入到现存的网络中。

通常，设备检测通道能量所花费的时间与每个通道可利用的网络可通过 ScanDuration 扫描持续参数来确定，一般设备要花费 1min 的时间来执行一个扫描请求，对于 ZigBee 路由器与终端设备来说，只需要执行一次扫描即可确定加入的网络。而协调器则需要扫描两次，一次采样通道能量，另一次则用于确定存在的网络。

图 5-2 给出了一个由 ZigBee 设备协调器、路由器和终端节点所构成的网络示例。

5.1.3.1 ZigBee 星形组网

利用 1 个 ZigBee 协调器、多个 ZigBee 路由节点组建一个简单的星形网络（如图 5-3 所示），并观察数据传输的路径与结果。

利用网络控制器上的组态控制软件，设计、生成与查看网络拓扑完成数据的无线传输。

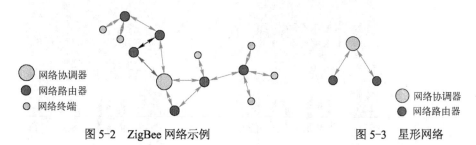

图 5-2　ZigBee 网络示例　　　　　　图 5-3　星形网络

5.1.3.2 ZigBee 设备配置

利用网络控制器上的组态控制软件完成节点设备参数的查询和配置。

输入用户名和密码，登录网络控制器。

选择"设备管理器"项，在设备中选择 ZigBee 协调器，打开 ZigBee 协调器配置界面。

读取协调器 MAC 地址：在软件界面选择"读取 MAC 地址"，可以查看协调器的 MAC 地址。

读取协调器信道：在软件界面选择"信道读取"，可以查看协调器的信道。

读取协调器 PANID：在软件界面选择"读取 PANID"，可以查看协调器的 PANID。

长短地址匹配。

获取网络中节点数：在软件界面选择"查看节点数"可查看网络中所有连接的节点数。

5.1.3.3 ZigBee 数据采集与控制

由协调器和 ZigBee 终端设备组成的简单网状网络，如图 5-4 所示。

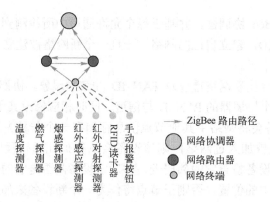

温度探测器　燃气探测器　烟感探测器　红外感应探测器　红外对射探测器　RFID读卡器　手动报警按钮

→ ZigBee 路由路径

⬤ 网络协调器

⬤ 网络路由器

◯ 网络终端

图 5-4　由协调器和 ZigBee 终端设备组成的简单网状网络

5.1.3.4　ZigBee 温度探测器数据采集

1）正确连接温度探测器的接线（如图 5-5 所示）。

2）输入用户名和密码，登录到感知控制器和网络控制器。

3）正确的配置 ZigBee 模块（感知控制器端 ZigBee 为终端模式，网络控制器端 ZigBee 需一个路由模式和协调器模式）和参数，组建 ZigBee 网络。

4）在上位机软件中可以产看温度探测器的当前状态。

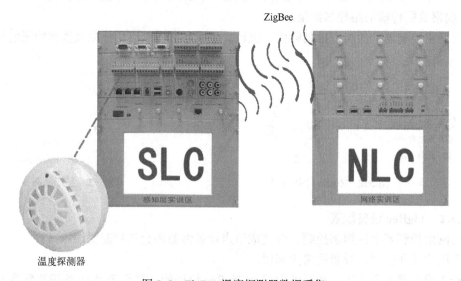

图 5-5　ZigBee 温度探测器数据采集

5.1.3.5　ZigBee 燃气探测器采集数据

1）正确连接可燃气体探测器的接线（如图 5-6 所示）。

2）输入用户名和密码，登录到感知控制器和网络控制器。

3）正确的配置 ZigBee 模块（感知控制器端 ZigBee 为终端模式，网络控制器端 ZigBee 需一个路由模式和协调器模式），组建 ZigBee 网络。

4）在软件中可以查看可燃气体探测器的当前状态。

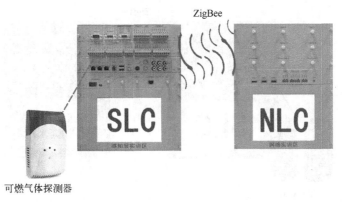

可燃气体探测器

图 5-6　ZigBee 燃气探测器采集数据

5.1.3.6　ZigBee 烟雾传感器采集数据

1）正确连接温度探测器的接线（如图 5-7 所示）。

2）输入用户名和密码，登录到感知控制器和网络控制器。

3）正确的配置 ZigBee 模块（感知控制器端 ZigBee 为终端模式，网络控制器端 ZigBee 需一个路由模式和协调器模式），组建 ZigBee 网络。

4）在软件中可以查看温度报警器的当前状态。

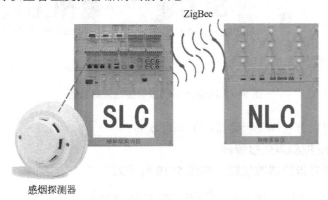

感烟探测器

图 5-7　ZigBee 烟雾传感器采集数据

5.1.3.7　ZigBee 红外对射探测器采集数据

1）正确连接红外对射探测器的接线（如图 5-8 所示）。

2）输入用户名和密码，登录到感知控制器和网络控制器。

3）正确的配置 ZigBee 模块（感知控制器端 ZigBee 为终端模式，网络控制器端 ZigBee 需一个路由模式和协调器模式），组建 ZigBee 网络。

4）在软件中可以查看红外对射探测器的当前状态。

5.1.3.8　ZigBee 手动报警按钮采集数据

1）正确连接手动报警按钮的接线（如图 5-9 所示）。

2）输入用户名和密码，登录到感知控制器和网络控制器。

3）正确的配置 ZigBee 模块（感知控制器端 ZigBee 为终端模式，网络控制器端 ZigBee 需路由模式和协调器模式），组建 ZigBee 网络。

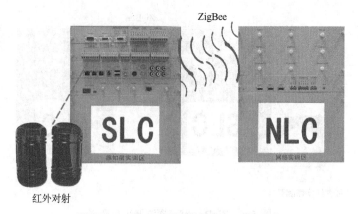

图 5-8　ZigBee 红外对射探测器采集数据

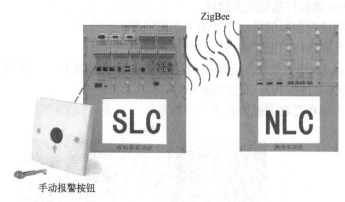

图 5-9　ZigBee 手动报警按钮采集数据

4）在软件中可以查看手动报警按钮的当前状态。

5.1.3.9　ZigBee 控制声光报警器

1）正确连接声光报警器的接线（如图 5-10 所示）。

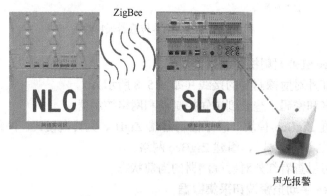

图 5-10　ZigBee 控制声光报警器

2）输入用户名和密码，登录到感知控制器和网络控制器。

3）正确的配置 ZigBee 模块（感知控制器端 ZigBee 为终端模式，网络控制器端 ZigBee

需路由模式和协调器模式），组建 ZigBee 网络。

4）在上位机软件中，可以选择控制声光报警的状态。

5.1.3.10　ZigBee 控制电风扇

1）正确连接风扇的接线（如图 5-11 所示）。

2）输入用户名和密码，登录到感知控制器和网络控制器。

3）正确的配置 ZigBee 模块（感知控制器端 ZigBee 为终端模式，网络控制器端 ZigBee 需路由模式和协调器模式），组建 ZigBee 网络。

4）在上位机软件中，可以选择控制电风扇的开关状态。

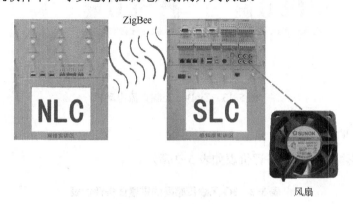

图 5-11　ZigBee 控制风扇

5.1.3.11　ZigBee 控制节能灯

1）正确连接节能灯的接线（如图 5-12 所示）。

2）输入用户名和密码，登录到感知控制器和网络控制器。

3）正确的配置 ZigBee 模块（感知控制器端 ZigBee 为终端模式，网络控制器端 ZigBee 需路由模式和协调器模式），组建 ZigBee 网络。

4）在上位机软件中，可以选择控制节能灯的开关状态。

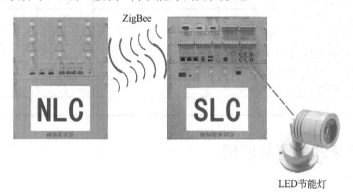

图 5-12　ZigBee 控制节能灯

5.1.3.12　ZigBee 控制直流电动机

1）正确连接直流电动机的接线（如图 5-13 所示）。

2）输入用户名和密码，登录到感知控制器和网络控制器。

3）正确的配置 ZigBee 模块（感知控制器端 ZigBee 为终端模式，网络控制器端 ZigBee 需路由模式和协调器模式），组建 ZigBee 网络。

4）在上位机软件中，可以选择控制直流电动机的开关状态。

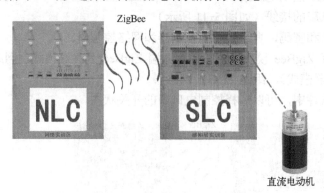

图 5-13　ZigBee 控制直流电动机

5.1.4　任务评价

3G 无线传感网的搭建任务评价表如表 5-2 所示。

表 5-2　3G 无线传感网的搭建任务评价表

项目 5　组建现场总线与传感网络 任务评价表				
任务名称		任务 5.1　无线传感网的搭建		
班　级			小　组	
评价要点	评价内容	分　值	得分	备注
基础知识 （20 分）	是否明确工作任务、目标	5		
	什么是 ZigBee	5		
	ZigBee 有哪些工作模式	10		
任务实施 （60 分）	ZigBee 协调器与路由器的配置	20		
	ZigBee 网络搭建	20		
	ZigBee 网络的使用	20		
操作规范 （20 分）	遵守机房工作和管理制度	5		
	各小组固定位置，按任务顺序展开工作	5		
	按规范使用操作，防止损坏实验设备	5		
	保持环境卫生，不乱扔废弃物	5		
合　计				

任务 5.2　蓝牙的配置与使用

5.2.1　任务描述

小张公司需要使用蓝牙进行数据采集与控制以完成公司增加蓝牙网络接入的工作任务，请协助小张完成此项工作。

5.2.2　必要知识准备

5.2.2.1　蓝牙无线技术概述

蓝牙是一种支持短距离通信的微功耗无线电技术，能在包括移动电话、PDA、无线耳机、笔记本电脑和智能终端等众多设备之间进行无线信息交换。采用蓝牙技术，能够方便移动通信终端设备之间的通信，也能够简化设备与局域网、互联网和物联网之间的通信，从而数据传输变得更加迅速高效和实用。

蓝牙采用分散式网络结构以及快跳频和短包技术，支持点对点以及点对多点通信，工作在全球通用的 2.4GHz ISM频段。其数据速率为 1～3Mbit/s，采用时分双工传输方案实现全双工传输。蓝牙通信距离一般 10m 内，发射功率为 1mW。当发射功率增到 100mW，通信距离可到 100m 左右。

5.2.2.2　蓝牙信道与跳频

ISM频带是对所有无线电系统都开放的频带，因此使用其中的某个频段都会遇到不可预测的干扰源。例如某些家用电器、无绳电话、汽车开门器和微波炉等，都可能是干扰。为此，蓝牙特别设计了快速确认和跳频方案以确保信道中链路稳定。

在蓝牙的 79 个信道之间，蓝牙采用动态跳频技术，每秒 1600 跳，且信道带宽窄仅为 1MHz。

跳频技术是把频带分成若干个跳频信道（hop channel），在一次连接中，无线电收发器按一定的码序列（即一定的规律，技术上叫做"伪随机码"，就是"假"的随机码）不断地从一个信道"跳"到另一个信道，只有收发双方是按这个规律进行通信的，而其他的干扰不可能按同样的规律进行干扰；跳频的瞬时带宽是很窄的，但通过扩展频谱技术使这个窄带宽成百倍地扩展成宽频带，使干扰可能的影响变成很小。

与其他工作在相同频段的系统相比，蓝牙跳频更快，数据包更短，这使蓝牙比其他系统都更稳定。前向纠错的使用抑制了长距离链路的随机噪声。应用了二进制调频（FM）技术的跳频收发器可有效抑制干扰和防止衰落。

5.2.2.3　蓝牙协议标准

SIG（特别兴趣小组）所颁布的蓝牙规范就是蓝牙无线通信协议标准，它规定了蓝牙应用产品应遵循的标准和需要达到的要求。

蓝牙技术是一种无线数据与语音通信的开放性全球规范，它以低成本的近距离无线连接为基础，为固定与移动设备通信环境建立一个特别连接，通常其协议栈和驱动程序写在一个微芯片中。

5.2.2.4　蓝牙网络

蓝牙系统采用一种灵活的无基站的组网方式，使得一个蓝牙设备可同时与最多 7 个其他的蓝牙设备相连接。蓝牙系统的网络结构的拓扑结构有两种形式：微微网（piconet）和分布式网络（Scatternet）。

微微网是通过蓝牙技术以特定方式连接起来的一种微型网络，一个微微网可以只是两台相连的设备，比如一台便携式电脑和一部移动电话，也可以是 8 台连在一起的设备。在一个微微网中，所有设备的级别是相同的，具有相同的权限。

蓝牙采用自组式组网方式（Ad-hoc），由主设备（Master）单元（发起链接的设备）和从设备（Slave）单元构成，有一个主设备单元和最多 7 个从设备单元（如图 5-14 所示）。主设备单元负责提供时钟同步信号和跳频序列，从设备单元一般是受控同步的设备单元，接受主设备单元的控制。

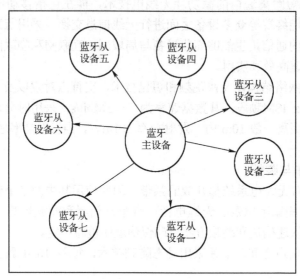

图 5-14　连接设备连接示例

在这种网络模式下，最简单的应用就是蓝牙手机与蓝牙耳机，在手机与耳机间组建一个简单的微微网，手机作为主设备，而耳机充当从设备。同时在两个蓝牙手机间也可以直接应用蓝牙功能，进行无线的数据传输。

分布式网络是由多个独立的非同步的微微网组成的，以特定的方式连接在一起。一个微微网中的主设备单元同时也可以作为另一个微微网中的从设备单元，这种设备单元又称为复合设备单元。蓝牙组网可以有 7 个移动蓝牙用户通过一个网络节点与互联网相连。它靠跳频顺序识别每个微微网。同一微微网所有用户都与这个跳频顺序同步。

蓝牙分布式网络是自组网（ad hoc networks）的一种特例，其最大特点是可以无基站支持，每个移动终端的地位是平等的，并可独立进行分组转发的决策，其建网灵活性，多跳性、拓扑结构动态变化和分布式控制等特点是构建蓝牙分布式网络的基础。

5.2.3　任务实施

5.2.3.1　蓝牙数据传输
由网络层控制器和两个蓝牙数传模块组成的点对点通信网络（如图 5-15 所示）。

5.2.3.2　蓝牙模块参数配置
可以利用网络层控制器设置蓝牙主、从节点设备的名称和配对密码，然后利用蓝牙主节点，发现蓝牙从节点，组建蓝牙网络。

输入用户名和密码，登录网络控制器。

选择"设备管理器"项，在设备中选择"蓝牙数传"，打开"蓝牙数传"配置界面。

选择"开/关模块"，打开蓝牙模块。

选择"修改设备名称"，输入新的设备名称，单击"确定"按钮即可修改新的名称，设备名称采用 UTF8 编码，最少 1B，最多 20B。

选择"修改波特率"，选择新的传输波特率，允许的值：921600、460800、230400、115200、57600 和 9600，默认波特率为 115200。

5.2.3.3 数据通信

输入用户名和密码，登录网络控制器。

选择"设备管理器"项，在设备中选择"蓝牙数传"，打开"蓝牙数传"配置界面。

选择"搜索周围设备"，开始搜索周围设备，搜索完成后会显示出可以连接的设备列表。

从列表中选择要连接的设备，输入正确的配对密码，等待设备配对成功。

配对成功后，可以选择从控制器。

5.2.3.4 蓝牙音频传输

采用支持蓝牙音频工作模式的设备，可实现实时传输立体声或进行语音通信，如蓝牙耳机，蓝牙免提等应用。

由蓝牙语音模块和手机组成的蓝牙通信网络（如图 5-16 所示）。

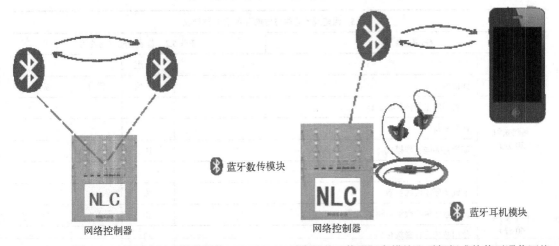

图 5-15　蓝牙点对点通信网络　　　　图 5-16　蓝牙语音模块和手机组成的蓝牙通信网络

5.2.3.5 蓝牙语音模块设置

可以利用网络层控制器设置蓝牙语音模块的名称和配对密码，然后利用手机发现和配对蓝牙语音模块。

输入用户名和密码，登录网络控制器。

选择"设备管理器"项，在设备中选择"蓝牙音频"，打开"蓝牙音频"配置界面。

选择"开/关模块"，打开蓝牙模块。

选择"修改密码"，输入新的密码，单击"确定"按钮修改新的设备密码，密码长度不超过 15B。

选择"修改设备名称"，输入新的设备名称，单击"确定"按钮即可修改新的名称，设备名称采用 UTF8 编码，最少为 1B，最多为 20B。

再次选择"开/关模块"，关闭蓝牙模块。

5.2.3.6 语音通信

手机可拨打运营商服务电话，从耳机中可以听到声音。

手机可播放音乐，从耳机中可以听到声音。

输入用户名和密码，登录网络控制器。

选择"设备管理器"项，在设备中选择"蓝牙音频"，打开"蓝牙音频"配置界面。

选择"开/关蓝牙音频"，开启蓝牙音频模块。

打开手机蓝牙，搜索蓝牙音频模块，搜索成功后选择配对，输入正确密码连接。

将耳机插在网络控制器的音频输出端口，在手机上播放音乐，用耳机收听。

用手机拨打运营商服务电话，用耳机收听。

5.2.4 任务评价

3G蓝牙的配置与使用任务评价表如表5-3所示。

表5-3　3G蓝牙的配置与使用任务评价表

项目5　组建现场总线与传感网络 任务评价表					
任　务　名　称		任务5.2　蓝牙的配置与使用			
班　　级			小　组		
评价要点	评价内容		分　值	得　分	备　注
基础知识 （20分）	是否明确工作任务、目标		5		
	什么是蓝牙？		5		
	蓝牙有哪些工作模式		10		
任务实施 （60分）	配置蓝牙模块的参数		20		
	使用蓝牙进行数据传输		20		
	使用蓝牙进行音频传输		20		
操作规范 （20分）	遵守机房工作和管理制度		5		
	各小组固定位置，按任务顺序展开工作		5		
	按规范使用操作，防止损坏实验设备		5		
	保持环境卫生，不乱扔废弃物		5		
合　　计					

任务 5.3　现场总线的组建

5.3.1 任务描述

小张公司需要使用现场总线进行数据采集与控制以完成公司增加的现场总线设备接入的工作任务，请协助小张完成此项工作。

5.3.2 必要知识准备

5.3.2.1 现场总线概述

现场总线（Fieldbus）也称为现场网络，是近年来迅速发展起来的一种工业数据总线，是连接智能现场设备和自动化系统的全数字、双向和多站的通信系统。它主要解决工业现场的智能化仪器仪表、控制器和执行机构等现场设备间的数字通信以及这些现场控制设备和控制系统之间的信息传递问题。

由于现场总线简单、可靠和经济实用等一系列突出的优点，已经广泛应用于过程自动化、楼宇、电力、加工制造、交通运输、国防、航天和农业等领域。

同时，由于现场总线技术便于实现工业化与信息化的结合，所以现场总线技术在物联网自控领域应用中起到了支撑与服务的关键作用。

5.3.2.2 现场总线系统特点

1. 系统的开放性

开放系统是指通信协议公开，各不同厂家的设备之间可进行互连并实现信息交换，现场总线可以与任何遵守相同标准的其他设备或系统相连。开放系统把系统集成的权利交给了用户，用户可按自己的需要和对象把来自不同供应商的产品组成大小随意的系统。

2. 互可操作性与互用性

现场总线可实现互联设备间、系统间的信息传送与沟通，可实行点对点，一点对多点的数字通信，并使不同生产厂家的性能类似的设备可进行互换和互用。

3. 现场设备的智能化与功能自治性

现场总线将传感测量、补偿计算和工程量处理与控制等功能分散到现场设备中完成，仅靠现场设备即可完成自动控制的基本功能，并可随时诊断设备的运行状态。

4. 系统结构的高度分散性

由于现场设备本身已可完成自动控制的基本功能，使得现场总线已构成一种新的全分布式控制系统的体系结构，简化了系统结构，提高了可靠性。

5. 对现场环境的适应性

作为工业网络底层的现场总线，是专为在现场环境工作而设计的，它可支持双绞线、同轴电缆、光缆、射频、红外线和电力线等，具有较强的抗干扰能力，能采用两线制实现送电与通信，并可满足本质安全防爆要求。

5.3.2.3 现场总线技术标准

目前世界上存在着大约四十余种现场总线，如 RoberBosch 公司的 CAN，Echelon 公司的 LONWorks，国际标准组织-基金会现场总线 FF：FieldBusFoundation，WorldFIP，BitBus，德国西门子公司 Siemens 的 ProfiBus，PhenixContact 公司的 InterBus，Rosemounr 公司的 HART，ASI（ActraturSensorInterface），MODBus，美国的 DeviceNet 与 ControlNet 等等。这些主流现场总线占有大约 80%左右的市场。

尽管RS-485不能称为现场总线，但是作为现场总线的鼻祖，还有许多设备继续沿用这种通信协议。采用 RS-485 通信具有设备简单、低成本等优势，仍有广泛的应用。

5.3.2.4 现场总线控制网络

现场总线控制系统由测量系统、控制系统和管理系统 3 部分组成。

1．现场总线控制系统

控制系统的软件有组态软件、维护软件、仿真软件、设备软件和监控软件等。通过组态软件的操作人机接口界面（MMI）完成功能块之间的连接，选定功能块参数，进行网络组态。在网络运行过程中对系统实时采集数据、进行数据处理和计算。优化控制及逻辑控制报警、监视、显示和报表等。

2．现场总线的测量系统

测量仪表能实现高性能的测量与计算，并具有高分辨率、准确性高、抗干扰和抗畸变能力强等特点。

3．设备管理系统

为用户提供一个图形化界面，支持对设备自身及过程的诊断信息、管理信息、设备运行状态信息（包括智能仪表）和厂商制造信息的监控与管理。

5.3.3 任务实施

5.3.3.1 RS485/422 总线数据采集

将传感器、感知层控制器面板上的 RS485/422 接口，通过通信电缆连接起来。

1）对感知层控制器进行配置，并与传感器建立连接。

2）设置条件，将传感器采集的数据传输并显示到感知层控制器上。

3）读取传感器的状态与参数。

5.3.3.2 RS485/422 总线控制

将终端设备、感知层控制器面板上的 RS485/422 接口，通过通信电缆连接起来。

1）设置感知层控制器工作方式。

2）按照终端设备提供的指令集，对终端设备进行控制，并记录和显示返回的数据。

5.3.3.3 RS485/422 总线网络通信

连接感知实训区的两个 RS485 节点（如图 5-17 所示），也可以是网络层或者是网络区和感知区一个节点。

正确配置两个节点的参数。

通过控制器实现 RS485 的通信。

连接网络实训区的 RS422 节点和感知实训区的 RS422 节点。

正确配置两个节点的参数。

通过控制器实现 RS22 的通信。

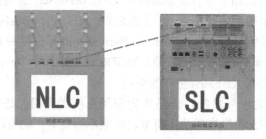

图 5-17 使用 RS485/422 总线连接网络和感知实训区

5.3.3.4 CAN 总线网络通信

连接网络实训区的 CAN 节点和感知实训区的 CAN 节点（如图 5-18 所示）。

正确设置两端的 CAN 节点参数。

通过网络控制器和感知控制器实现 CAN 节点之间的相互通信。

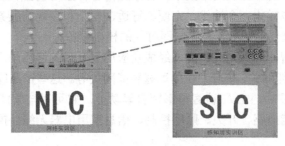

图 5-18 使用 CAN 总线连接网络和感知实训区

5.3.4 任务评价

现场总线的组建任务评价表如表 5-4 所示。

表 5-4 现场总线的组建任务评价表

项目 5 组建现场总线与传感网络 任务评价表					
任 务 名 称		任务 5.3 现场总线的组建			
班 级		小 组			
评价要点	评价内容	分 值		得分	备注
基础知识 （20分）	是否明确工作任务、目标	5			
	什么是现场总线	5			
	什么是 CAN 总线	10			
任务实施 （60分）	RS485/422 总线数据采集	20			
	RS485/422 总线控制	20			
	使用 CAN 总线进行网络通信	20			
操作规范 （20分）	遵守机房工作和管理制度	5			
	各小组固定位置，按任务顺序展开工作	5			
	按规范使用操作，防止损坏实验设备	5			
	保持环境卫生，不乱扔废弃物	5			
合计					

任务 5.4 智能网关的应用

5.4.1 任务描述

小张公司需要使用智能网关以完成公司的工作任务，请协助小张完成此项工作。

5.4.2 必要知识准备

家庭智能网关是网关中的一种设备，是主要连接广域网与局域网、局域网与家庭控制网络的重要桥梁，来实现各种控制协议的转换。家庭智能网关是信息时代带给人们的又一个高科技产物。它借助现有的计算机网络技术，将家庭内各种家用电器和设备联网，通过网络为人们提供各种丰富、多样化、个性化、方便、舒适、安全和高效的服务。家庭网络化也是整个社会信息化的一个重要的部分，是物联网时代的核心设备。

目前国内的家庭智能网关系列产品已经成功应用于众多的终端用户以及小区项目中，例如基于 IPv6 的家庭智能网关，基于 3G 的家庭智能网关等。这些产品能同时兼容 IPv4、IPv6协议转换，具备远程控制、主人/访客留影留言等功能。它可以与智能家居控制配合，如多媒体综合布线箱、智能插座、开关、照明控制、信息家用电器无线遥控与远程控制灯光及家用电器。

家庭智能网关通过各种高速接口将家庭安全报警、照明控制、网络家用电器、可视对讲、网络监控、家庭娱乐设施、电话、电视、计算机以及各种信息和通信终端都连接到家庭智能网关上来，通过以太局域网络互联以及连接物业控制中心。通过小区宽带网络，构建一个数字化小区的智能系统。用户可以通过固定电话、手机、互联网等对家庭安全防护、生活设施进行远程控制和管理。如：通过电话网络及时了解家庭安全情况，通过互联网和可视电话传送实时监控图像；用户可通过固定电话、手机和计算机远程实现门窗的开关，进行安全防护管理；通过家庭娱乐通信方案，实现在电视互动娱乐的同时，进行视频通信；通过互联网上的智能化家庭管理页面，对家中的灯光进行管理。该系统还可根据用户不同场景的需要进行程序设置，使家庭服务达到智能化水平。

并非有了家庭智能网关就拥有智能化生活的一切。它不是独立存在于智能家居控制系统中的，要实现数字化智能生活它必须与其他相对应的配套产品进行联动控制。现在较成熟的解决方案有智能社区解决方案、智能家居解决方案、智能家用电器解决方案、家居安全解决方案、智能照明解决方案、远程监控解决方案和背景音乐解决方案。这些解决方案可以单独使用也可以综合使用。

在智能家居解决方案中，家庭智能网关能够兼容各种安防探头实现安防报警，结合智能开关、智能插座、智能遥控器和红外转发器等实现家用电器、灯光窗帘以及各种娱乐情景模式的控制。在数字社区系统解决方案中，小区住户中的家庭智能网关能够通过小区局域网络与单元门口机、管理中心机和物业管理中心进行联网，实现统一化管理。通过家庭智能网关的联网可实现户户可视对讲、14 路安防报警、自动抓拍或录像、留影留言、电话报警、小区公告和天气预报等信息发送给业主。

在数字社区系统解决方案中，布线方面并不复杂，家庭智能网关、门口机和管理中心机支持的是 TCP/IP 协议，它可以与小区局域网共用网络，无需独立布线，比传统的系统结构工程成本低。

家庭智能网关是家庭智能化生活的心脏，通过它实现系统信息的采集、信息输入、信息输出、集中控制、远程控制和联动控制等功能。家庭智能网关的功能一般包括如下几个方面。

1）家庭安防：安全是居民对智能家居的首要要求，家庭安防由此成为智能家居的首要组成部分。家庭安防报警、门窗磁报警、紧急求助报警、燃气泄漏报警和火灾报警等。当家庭智能终端处于布防状态时，红外探头探测到家中有人走动，就会自动报警，通过蜂鸣器和语音实现本地报警；同时，报警信息报到物业管理中心，还可以自动拨号到主人的手机或电话上。

2）可视对讲：通过集成与显示技术，家庭智能终端上集成了可视对讲功能，无需另外设置室内分机即可实现可视对讲的功能。

3）远程抄表：水、电和气表的远程自动抄收计费是物业管理的一个重要部分，它的实现解决了入户抄表的低效率、干扰性和不安全因素。

4）家用电器控制功能：用户可以根据自己的需求自由的配置和添加家用电器控制节点。智能主机通过全图形化的向导提示用户如何设置和使用家用电器控制的功能。通过可学习的无线/红外转发模块，用户可以很方便地实现对家用电器的集中管理和电话、网络的远程控制。

5）智能照明功能：智能网关系统通过无线的方式实现对智能开关、插座等模块的集中管理和控制。智能网关可以根据户型的实际大小增加控制器的数量，从而解决无线信号室内分布的问题。智能网关把家中的电器和灯光集中管理起来，可以实现丰富的管理和控制功能。用户可以预先设定多种包含家用电器、灯光和窗帘的场景模式，也可以开启定时控制程序，温度控制程序，还可以把家用电器控制和防盗报警联系起来等。

6）远程控制功能：通过拨打家中的电话或 Internet 远程登录家中的家庭智能网关，实现对家庭中所有的安防探测器进行布防操作、远程控制家用电器、照明和窗帘设备。还可以通过网络随时监控家中状态，并可外接多个摄像头，实现远程网络监控。

7）小区信息服务：物业管理中心与家庭智能终端联网，对住户发布信息，住户可通过家庭智能终端的交互界面选择物业管理公司提供的各种服务。

8）增值服务：通过家庭智能终端可以实现网上购物，远程医疗、邮政速递等增值服务。

5.4.3　任务实施

5.4.3.1　3G 视频监控视频网关设备的安装与调试

由于国内 WCDMA 无法提供固定 IP 地址，所以需要用一台 PC 来建立转发服务器，利用转发服务器（PC）在公网上的固定 IP 地址，才能访问 WCDMA 设备。

（1）建立转发服务器

选用一台 PC，将其 IP 地址、数据传输起始端口到数据转发端口（如 3000～3004）都映射到公网上去（下文以映射 3000 端口为例）。

⚠注意：不同品牌路由器路由 WEB 界面是不同的，下面以 TP-LINK 路由器举例。

具体步骤如下所述。

步骤 1：进入路由器 IE 界面，如图 5-19 所示。

步骤 2：单击左边树形目录里"转发规则——虚拟服务器"，出现如图 5-20 所示，填写端口号和转发服务器（即 PC）的 IP 地址。

步骤 3：填写完毕保存后，出现映射端口生效状态界面，如图 5-21 所示。

步骤 4：在左边树形目录单击"运行状态"，查看 WAN 口状态中的 IP 地址，也就是转发服务器的公网 IP 地址，即远程主机 IP 地址，如图 5-22 所示。

步骤 5：单击计算机"开始"→"运行"，输入 CMD 后按确定，在窗口中输入"telnet

119.145.0.162 3000"后按〈Enter〉键，结果应如图 5-23 中第 2 个窗口所示。在窗口中输入
"telnet 119.145.0.162 3004"后按〈Enter〉键，结果应如图 5-23 中第 4 个窗口所示。以此来
验证映射是否成功。

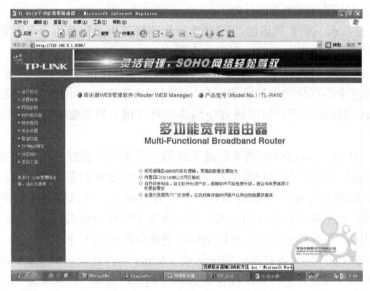

图 5-19　TP-LINK 的 IE 主界面

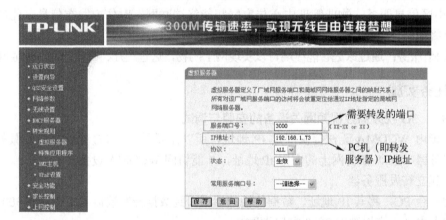

图 5-20　填写端口号和转发服务器 IP 地址界面

图 5-21　映射端口生效界面

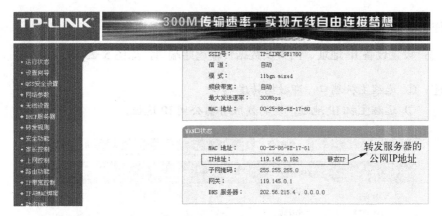

图 5-22 查看远程主机 IP 地址界面

图 5-23 验证映射成功

（2）设备的参数设置

步骤 1：插入 3G 卡。

在设备断电情况下，插上 WCDMA 卡，然后通电。若看到 3G 指示灯绿色长亮（当拨号成功有数据传输时，指示灯闪亮），则 3G 卡接触良好。

步骤 2：进入设备 IE 界面，进行参数的设置。在 IE 浏览器地址栏里输入设备的 IP 地址，进入 IE 设置界面，单击"参数设置"→"基本设置"→"设备名称"，如图 5-24 所示。

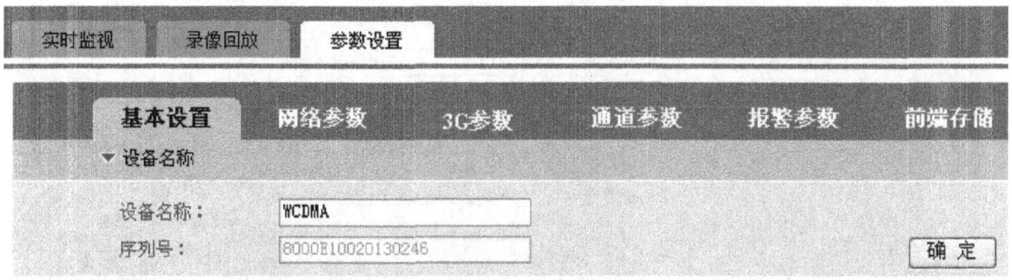

图 5-24 设备名称设置

注： 设备的名称一定要牢记，以便以后添加和管理设备。

步骤3：设置设备IP地址、网关及数据传输起始端口，如图5-25所示。

注： ① 远程主机端口，即数据转发端口；

② 远程主机IP地址，即转发服务器公网IP地址。

图5-25 远程主机地址及远程主机端口映射界面

步骤4：设置通道参数。

在"参数设置"→"视频编码"中，按图5-26所示内容进行设置。

注： 建议参数设置范围：分辨率可以设置为 QCIF 或者 CIF；最大码率可以设置为50~200，帧率可以设置为8~15。

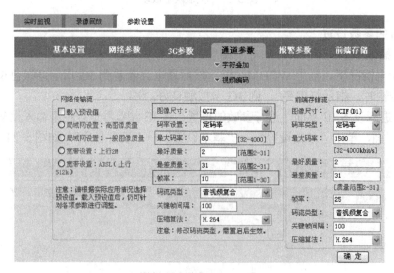

图5-26 通道参数设置界面

步骤 5：启用 WCDMA。

单击"参数设置"→"3G 参数"→"拨号参数"，按图 5-27 所示进行设置。

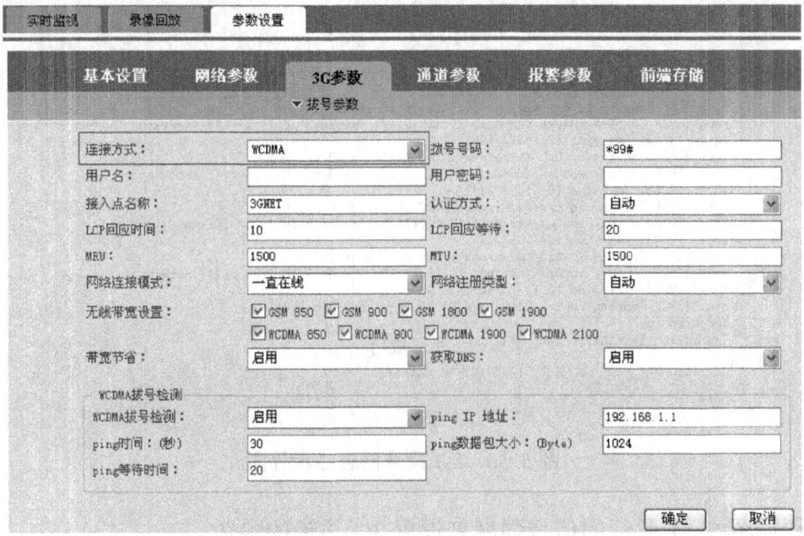

图 5-27　3G 拨号参数设置界面

步骤 6：单击存储参数后重启设备，如图 5-28 所示。

图 5-28　保存参数重启设备界面

（3）检查 3G 是否连通

步骤 1：机器重启后，需再次进入设备 IE 界面"参数设置"→"3G 参数"→"3G 网络"中来查看 3G 状态连接，若成功，则会显示"已连接"，如图 5-29 所示。

图 5-29　确认 3G 是否连接界面

步骤 2：查看拨号日志。

拨号成功会有相应的拨号日志显示，如图 5-30 所示。

图 5-30　3G 拨号日志显示界面

用户可根据图 5-31 所示的信号强度来设置 3G 传输的参数。

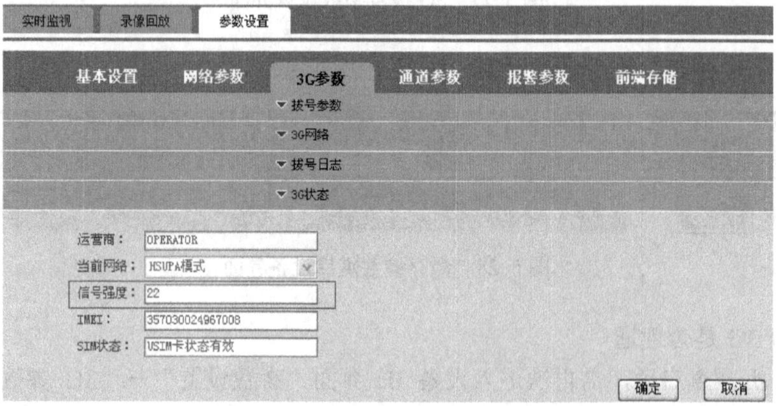

图 5-31　3G 状态显示界面

注：信号强度显示的数字越大，表示信号越好，码流等参数设置可以上调，以便达到更好的实时监控效果。

（4）安装 RealCDMA 软件并设置

步骤 1：安装 RealCDMA 软件。

注：RealCDMA 软件在设备附件的光盘中！

1）在确定设备相应参数设置成功后，拔掉网线。

2）在转发服务器（PC）上安装 RealCDMA 软件。

步骤 2：设置 RealCDMA 软件的参数：打开 RealCDMA 软件并登录软件，如图 5-32 所示。

图 5-32 RealCDMA 登录界面

注：RealCDMA 软件的默认用户名为 admin，密码无。

步骤 3：系统设置。

单击"操作"→"系统设置"，按图 5-33 所示内容填写 RVS 服务端口（即数据转发端口）、用户转发端口（即数据传输起始端口）。

图 5-33 RealCDMA 系统设置界面

步骤 4：用户管理设置。

单击"操作"→"用户管理"→"转发用户管理"，按图 5-34 所示来设置用户名和密码。

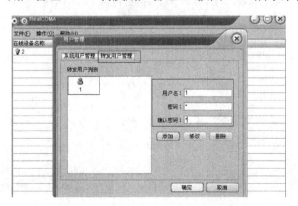

图 5-34 RealCDMA 用户管理界面设置

步骤 5：等待设备上线。

若设备上线，则会显示相应设备的名称、地址、通道数和上线时间等参数，如图 5-35 所示。

图 5-35　设备上线界面

（5）使用 ImagineWorldClient 客户端软件添加设备

步骤 1：确保转发服务没有开启。

登录 ImagineWorldClient，单击"设置"，选择"系统设置"→"文件服务"，选中"启动远程文件服务"，"系统设置"→"转发设置"取消对转发服务的启动，如图 5-36 所示。

⚠注：ImagineWorldClient 的用户名为 admin，密码无。

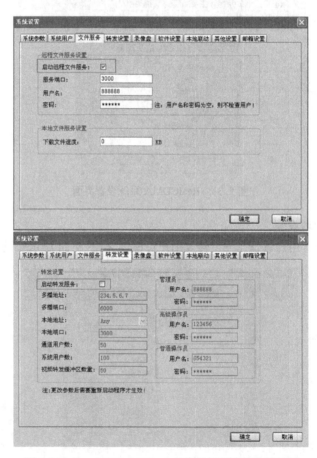

图 5-36　ImagineWorldClient 文件服务和转发设置界面

步骤 2：ImagineWorldClient 添加设备。

在 ImagineWorldClient，单击"设置"→"服务器分配"之后，单击鼠标右键建立相应的组，用鼠标右键单击组添加设备，如图 5-37 所示。

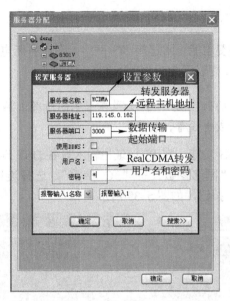

图 5-37 ImagineWorldClient 添加服务器

"服务器名称"：设备名称。

"服务 IP 地址"：转发服务器在公网的 IP 地址。

"服务端口"：数据传输起始端口。

"用户名和密码"：RealCDMA 转发用户名和密码。

步骤 3：实时图像观看。

设置完毕后，在主页面，单击相应的设备即可在右边实时监控区域中显示该设备的图像，如图 5-38 所示。

图 5-38 WCDMA 实时监控图像

5.4.3.2 EVDO 网络接入

EVDO 网络接入有两种访问方式，一种是直接访问设备（IP 或域名），一种是通过转发服务器访问 3G 设备，以下分别对两种方式进行描述。

直接访问设备如下所述。

步骤 1：插入 3G 卡。

确定 SIM 卡上有相关费用能正常连接 3G 网络，在设备断电的情况下，插入 EVDO 的 3G 卡，看到 3G 指示灯亮，则表示 3G 卡接触良好。

⚠️注：一定要断电再插上 SIM 卡，如果在上电的情况上插上 SIM 卡，轻则无法连接 3G 网络，重则损坏 SIM 卡或者设备，切记。

步骤 2：开启设备的 3G 功能。在 IE 地址栏输入设备的 IP 地址，进入设备的 IE 浏览界面，选择"参数设置"→"网络参数"→"3G 参数"，选择连接类型为"EVDO（CDMA 2000）"，之后单击"确定"按钮，如图 5-39 所示。

图 5-39　IE 界面启动 EVDO

步骤 3：设置传输码率以适应 3G 的环境传输在 IE 中的操作。

选择"参数设置"→"通道参数"→"视频编码"，各参数客户根据需求自行改动，如图 5-40 所示。

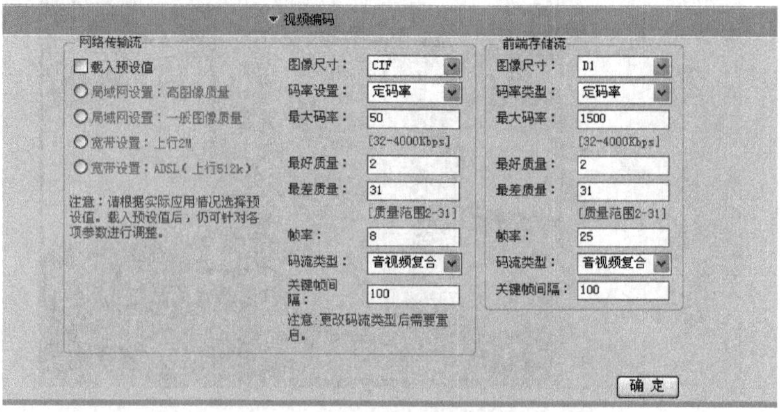

图 5-40　3G 视频参数设置界面

⚠️ **注**：建议参数设置范围为，分辨率可以设置为 QCIF 或者 CIF；最大码率可以设置为 50～200，帧率可以设置为 8～15。

步骤 4：如图 5-41 所示，存储参数后重启设备。

图 5-41　设备存储重启界面

步骤 5：刷新查看网络参数里 3G 状态是否已经连接，若连接上，则会出现图 5-42 所示的已连接界面和相应的 IP 地址。此后拔掉网线，则可以用 3G 功能进行观看。

图 5-42　3G 网络已连接界面

步骤 6：实时监看 3G 视频。

现在电信 EVDO 分配的是一个外网 IP，所以可以直接用 IE 登录；在 IE 中输入图 5-42 中显示的 IP 地址，如连上弹出图 5-43 所示的界面。

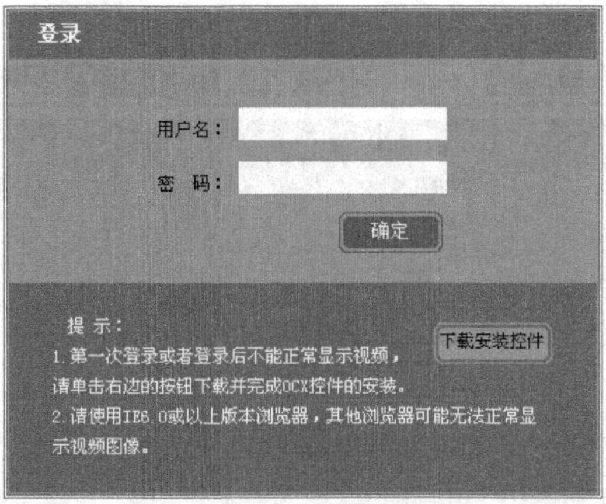

图 5-43　3G 参数设置登录界面

步骤 7：输入设备的用户名和密码，则可以实时监看，如图 5-44 所示。

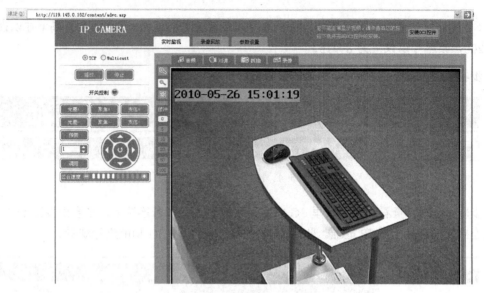

图 5-44　EVDO 实时监控页面

5.4.3.3　通过转发服务器访问 3G 设备

1. 插入 3G 卡

确定 SIM 卡上有相关费用能正常连接 3G 网络，在设备断电的情况下，插入 EVDO 的 3G 卡，看到 3G 指示灯亮起，则表示 3G 卡接触良好。

⚠️注：一定要断电再插上 SIM 卡，如果在通电的情况上插上 SIM 卡，轻则无法连接 3G 网络，重则损坏 SIM 卡或者设备，切记。

2. 开启设备的 3G 功能

步骤 1：在 IE 地址栏输入设备的 IP 地址，进入设备的 IE 浏览界面，选择"参数设置" →"网络参数"→"3G 参数"，选择连接类型为"EVDO（CDMA2000）"，之后单击"确定"按钮，如图 5-45 所示。

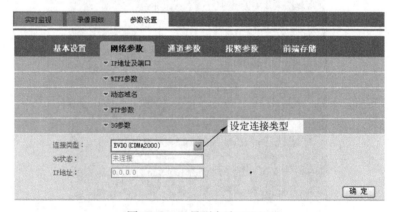

图 5-45　IE 界面启动 EVDO

步骤 2：设置传输码率以适应 3G 的环境传输在 IE 中的操作。

选择"参数设置"→"通道参数"→"视频编码",各参数可根据需求自行改动,如图 5-46 所示。

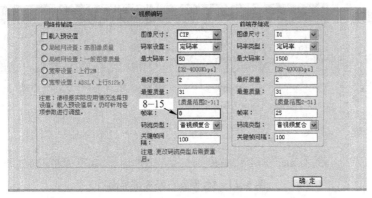

图 5-46　3G 视频参数设置界面

注:建议参数设置范围为,分辨率可以设置为 QCIF 或者 CIF;最大码率可以设置为 50～200,帧率可以设置为 8～15。

步骤 3:如图 5-47 所示,记下设备的数据传输端口,远程主机端口以及远程主机地址。

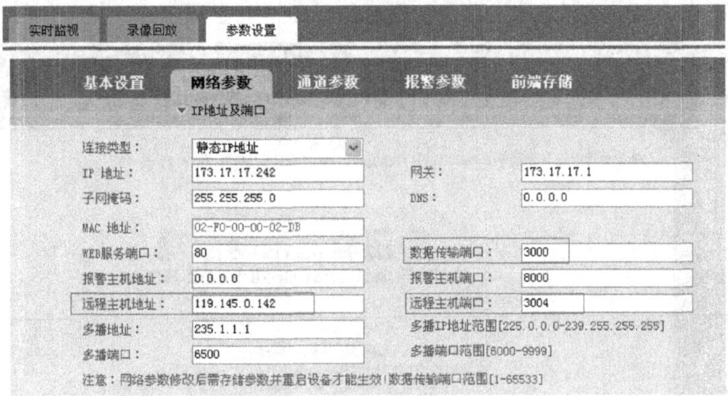

图 5-47　设备网络参数显示界面

步骤 4:如图 5-48 所示,存储参数后重启设备。

图 5-48　设备存储重启界面

步骤 5:刷新查看网络参数里 3G 状态是否已经连接,若连接上,则会出现图 5-49 所示的已连接界面和相应的 IP 地址,此后拔掉网线。

3. 设置转发服务器

选用一台 PC,将其 IP 地址,以及数据传输起始端口到数据转发端口,如 3000～3004

都映射到公网上去（映射 3000 端口为例）。

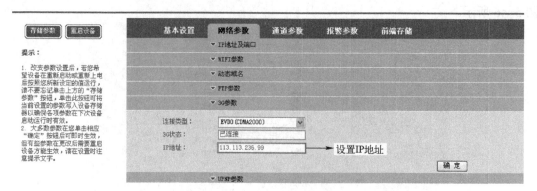

图 5-49　3G 网络已经连接界面

⚠️**注意**：不同品牌路由器的路由 Web 界面是不同的，下面以 TP-LINK 路由器举例。

具体步骤如下所述。

步骤 1：进入路由器 IE 界面，如图 5-50 所示。

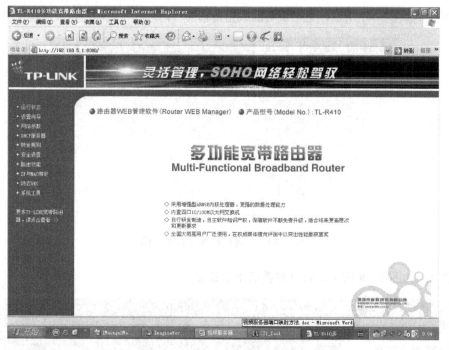

图 5-50　TP-LINK 的 IE 主界面

　　步骤 2：单击左边树形目录里"转发规则——虚拟服务器"，出现图 5-51 所示页面，填写端口号和转发服务器 PC 的 IP 地址。

　　步骤 3：填写完毕保存后，出现映射端口生效状态界面，如图 5-52 所示。

　　步骤 4：在左边树形目录单击"运行状态"，查看 WAN 口状态，此 IP 地址就是转发服务器的公网 IP 地址，即远程主机的 IP 地址，如图 5-53 所示。

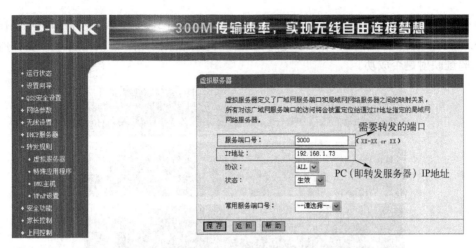

图 5-51　填写端口号和转发服务器 IP 地址界面

图 5-52　映射端口生效界面

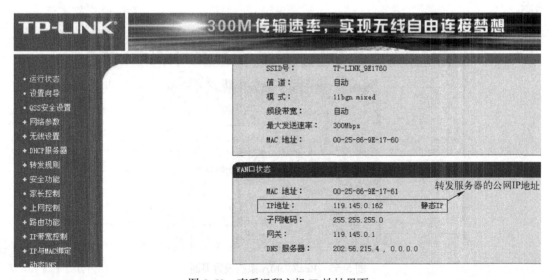

图 5-53　查看远程主机 IP 地址界面

步骤 5：单击计算机"开始"→"运行"，输入 CMD 后按〈Enter〉键，在窗口中输入

"telnet 119.145.0.162 3000"后按〈Enter〉键，结果应如图 5-54 中第 2 个窗口所示。在窗口中输入"telnet 119.145.0.162 3004"后按〈Enter〉键，结果应如图 5-54 中第 4 个窗口所示。以此来验证映射是否成功。

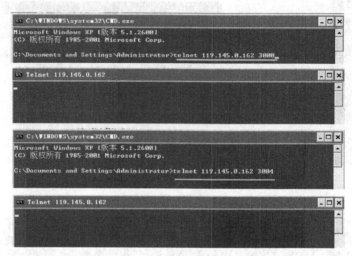

图 5-54　验证映射成功

4. 将要做为转发服务器的计算机的数据传输端口与远程主机端口映射至公网上（请参考前文的设置）

5. 安装 Real CDMA

完装完设置该软件，登录软件默认为（admin，密码无），（请参考前文的设置）

先设置服务器端口，单击"操作→系统设置"，弹出如下窗口，在 RVS 服务端口输入图 5-47 所示的数据传输端口（用户转发端口）和远程主机端口（RVS 服务端口），如图 5-55所示。

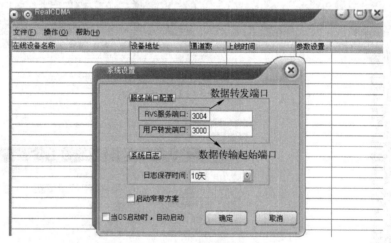

图 5-55　RealCDMA 系统设置界面

6. 转发用户设置账号管理

单击"操作"→"用户管理"，弹出如下窗口，选择转发用户管理，添加一个用户填入相应的账号密码后单击"确定"按钮，如图 5-56 所示。

5.4.3.4 使用 ImagineWorldClient 客户端软件添加设备并观看

1. ImagineWorldClient 添加设备

在 ImagineWorldClient 单击"设置"→"服务器分配"之后用鼠标右键建立相应的组，用鼠标右键单击组添加设备，如图 5-57 所示。

图 5-56　RealCDMA 用户管理界面设置

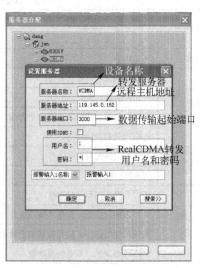

图 5-57　ImagineWorldClient 添加服务器

"服务器名称"：设备名称。

"服务 IP 地址"：转发服务器在公网的 IP 地址。

"服务端口"：数据传输起始端口。

"用户名和密码"：RealCDMA 转发用户名和密码。

2. 实时图像观看

设置完毕后，在主页面单击相应的设备，在右边实时监控区域显示该设备的图像，如图 5-58 所示。

图 5-58　EVDO 实时监控图像

5.4.4 任务评价

智能网关的应用任务评价表如表 5-5 所示。

表 5-5 智能网关的应用任务评价表

项目 5 组建现场总线与传感网络 任务评价表				
任务名称		任务 5.4 智能网关的应用		
班 级		小 组		
评价要点	评价内容	分 值	得 分	备 注
基础知识 (20分)	是否明确工作任务、目标	5		
	什么是智能网关?	5		
	智能网关的功能一般包括几个方面	10		
任务实施 (60分)	智能网关的安装	20		
	智能网关的配置	20		
	智能网关的使用	20		
操作规范 (20分)	遵守机房工作和管理制度	5		
	各小组固定位置,按任务顺序展开工作	5		
	按规范使用操作,防止损坏实验设备	5		
	保持环境卫生,不乱扔废弃物	5		
合 计				

参 考 文 献

[1] 王志良, 王新平. 物联网工程实训教程[M]. 北京: 机械工业出版社, 2011.

[2] 江军. 物联网实训指导手册. 北京: 启天同信科技有限公司内部资料.

[3] 郑瑞国. 物联网设备安装与应用调研报告. 北京: 启天同信科技有限公司内部资料.

[4] 王东伟, 干为勤, 江宏昌, 潘秀云. 智能楼宇管理师[M]. 北京: 中国劳动社会保障出版社, 2009.

[5] 黎连业, 黎恒浩, 王华. 建筑弱电工程设计施工手册[M]. 北京: 中国电力出版社, 2010.

[6] 黎连业, 陈光辉, 黎照, 赵克农. 网络综合布线系统与施工技术[M]. 4 版. 北京: 机械工业出版社, 2011.

[7] 祁和义. 检测与传感器应用技术[M]. 北京: 高等教育出版社, 2009.

[8] 王公儒. 综合布线工程实用技术[M]. 北京: 中国铁道出版社, 2011.

[9] 王用伦, 李维宪, 邱秀玲. 智能楼宇技术[M]. 北京: 人民邮电出版社, 2008.

[10] 石志国, 王志良, 丁大伟. 物联网技术与应用[M]. 北京: 清华大学出版社, 2012.

[11] 王志良, 王粉花. 物联网工程概论[M]. 北京: 机械工业出版社, 2011.

精品教材推荐

电子工艺与技能实训教程

书号：ISBN 978-7-111-34459-9

定价：33.00 元　　作者：夏西泉 刘良华

推荐简言：

　　本书以理论够用为度、注重培养学生的实践基本技能为目的，具有指导性、可实施性和可操作性的特点。内容丰富、取材新颖、图文并茂、直观易懂，具有很强的实用性。

综合布线技术

书号：ISBN 978-7-111-32332-7

定价：26.00 元　　作者：王用伦 陈学平

推荐简言：

　　本书面向学生，便于自学。习题丰富，内容、例题、习题与工程实际结合，性价比高，有实用价值。

集成电路芯片制造实用技术

书号：ISBN 978-7-111-34458-2

定价：31.00 元　　作者：卢静

推荐简言：

　　本书的内容覆盖面较宽，浅显易懂；减少理论部分，突出实用性和可操作性，内容上涵盖了部分工艺设备的操作入门知识，为学生步入工作岗位奠定了基础，而且重点放在基本技术和工艺的讲解上。

通信终端设备原理与维修 第 2 版

书号：ISBN 978-7-111-34098-0

定价：27.00 元　　作者：陈良

推荐简言：

　　本书是在 2006 年第 1 版《通信终端设备原理与维修》基础上，结合当今技术发展进行的改编版本，旨在为高职高专电子信息、通信工程专业学生提供现代通信终端设备原理与维修的专门教材。

SMT 基础与工艺

书号：ISBN 978-7-111-35230-3

定价：31.00 元　　作者：何丽梅

推荐简言：

　　本书具有很高的实用参考价值，适用面较广，特别强调了生产现场的技能性指导，印刷、贴片、焊接、检测等 SMT 关键工艺制程与关键设备使用维护方面的内容尤为突出。为便于理解与掌握，书中配有大量的插图及照片。

MATLAB 应用技术

书号：ISBN 978-7-111-36131-2

定价：22.00 元　　作者：于润伟

推荐简言：

　　本书系统地介绍了 MATLAB 的工作环境和操作要点，书末附有部分习题答案。编排风格上注重精讲多练，配备丰富的例题和习题，突出 MATLAB 的应用，为更好地理解专业理论奠定基础，也便于读者学习及领会 MATLAB 的应用技巧。